内陆核电及核应急计划区划分研究

张　涛　　主编

中国原子能出版社

图书在版编目（CIP）数据

内陆核电及核应急计划区划分研究/张涛主编．——北京：中国原子能出版社，2023. 11

ISBN 978-7-5221-3140-5

Ⅰ.①内…　Ⅱ．①张…　Ⅲ.①核安全 ②核工业—危及管理 Ⅳ．①TL7

中国国家版本馆 CIP 数据核字（2023）第 222275 号

内陆核电及核应急计划区划分研究

出版发行：中国原子能出版社（北京市海淀区阜成路 43 号　100048）

责任编辑：胡晓彤

封面设计：侯怡璇

责任印制：赵　明

印　　刷：北京九州迅驰传媒文化有限公司

开　　本：787 mm×1092 mm　1/16

印　　张：6. 875

字　　数：154 千字

版　　次：2023 年 11 月第 1 版

书　　号：ISBN 978-7-5221-3140-5　　**定　价**：98 元

网　　址：http：//www. aep. com. cn　　E-mail：atomep123@ 126. com

发行电话：010-88828678

编委会

主　编　张　涛

副主编　胡守印　张冀兰　常重喜　张兴田　龚　兵

编　著　张晓斌　赵燕子　柯海鹏　史　在　杨强强
蒋　勇　杨加东　曹雷涛　刘　莹　车　蛟
刘玉文　孙丽丽　刘　华　高　俊　徐广学
刘晓红

序

自1954年苏联建成第一座核电厂以来，人类和平利用核能的历史已将近七十年。七十年来，核能技术不断发展，在安全性、可靠性和经济性等方面均取得了长足进步，我国也从核能领域的跟跑者发展成了并跑者、领跑者。目前我国正在大规模建设三代压水堆核电厂，四代反应堆的研究与建设也方兴未艾，蓬勃发展。

在国际公认的六种四代核能系统反应堆堆型中，高温气冷堆是研究较为深入、最接近商业化应用推广的反应堆。我国自主设计建造的山东石岛湾2×250 MW（热功率）高温气冷堆核电机组已于2021年12月并网发电，具有良好的固有安全特性和运行可靠性，是适应未来核能技术应用推广的理想堆型之一。

安全是核能利用的生命线，核应急是确保核安全的最后一道防线，在核能领域具有不言而喻的重要地位。我国在核能发展过程中业已形成了一套行之有效的核应急法规、导则、准则和技术文件，但在核应急领域仍存在一些挑战和提升空间，一是我国目前所有商用核电机组均为滨海厂址，尚缺少内陆商用核电机组核应急实践经验；二是针对代表未来核能技术发展方向的小型反应堆和四代反应堆，尚未形成适用的核应急管理体系。这在一定程度上制约了我国小型和四代核电机组在内陆建造的发展进程。

为此，本书溯源世界核电发展历程，系统梳理核应急管理体系特点，着眼未来核能发展趋势，兼顾安全性和适用性，比较全面地论述了我国内陆模块式小型反应堆核动力厂应急计划区划分与优化，期望能助力模块式小型反应堆尽快落地内陆，利用先进核能技术弥补我国内陆地区资源禀赋不足的短板，实现全国社会经济与环境协调发展。

前　言

我国对核能与核技术的开发利用始于20世纪50年代，经过几十年的不懈努力，核能与核技术在国防、医疗、能源、工业、农业、科研和教育等领域得到了广泛利用。

改革开放以来，特别是2000年以来，我国经济发展较快，能源消费迅速增长。长期以来我国能源消费结构以煤为主，2000年到2015年间尤为显著。过去粗放式的能源生产方式，加之有能源消费的“天花板”，导致能源消费是敞口式的，造成了化石能源发电机组增长快、老旧火电机组淘汰困难的局面。

党的十八大以来，我国能源消费总量过快增长势头得到有效控制，能源消费结构调整取得历史性进展。我国加大力度调整能源消费结构，煤炭消费比重于2019年首次降到60%以下，同时清洁能源和相对效率较高的石油、天然气的比重有所增加。这一重大历史性变化，改变了我国过去长期能源消费结构调整困难的局面。

2020年，我国提出了“碳达峰”“碳中和”目标。2021年发布了《国务院关于加快建立健全绿色低碳循环发展经济体系的指导意见》，意见指出“要深入贯彻党的十九大和十九届二中、三中、四中、五中全会精神，全面贯彻习近平生态文明思想，认真落实党中央、国务院决策部署，坚定不移贯彻新发展理念，全方位全过程推行绿色规划、绿色设计、绿色投资、绿色建设、绿色生产、绿色流通、绿色生活、绿色消费，使发展建立在高效利用资源、严格保护生态环境、有效控制温室气体排放的基础上，统筹推进高质量发展和高水平保护，建立健全绿色低碳循环发展的经济体系”。

国际能源署的研究表明，核能是世界发达经济体最大的低碳能源选项，在过去半个世纪中，核能贡献了一半的低碳电力，帮助降低了二氧化碳的长期排放增速，在欧美等发达国家碳达峰过程中发挥了重要作用。当前，实现经济社会绿色低碳转型发展已成为世界各国的广泛共识，具有清洁低碳、稳定高效优势的核能发展再次受到世界各国的重视。

2021 年是“十四五”开局之年，政府工作报告中提出“在确保安全的前提下积极有序发展核电”。但积极有序的前提是“第十四个五年规划纲要”中的“安全稳妥推动沿海核电建设”，对于内陆核电项目开发仍然秉持谨慎的态度。

核能发展伴生着核安全风险与挑战，人类要更好利用核能、实现更大发展，就必须应对好各种核安全挑战，维护好核材料和核设施安全。核能事业发展不停步，加强核安全的努力就不能停步。本书从世界核电发展历史出发，梳理了世界核电现状，对世界上核电机组的分布情况进行了深入研究；梳理了我国核电发展的宏观政策变化，并深入剖析了发展内陆核电所面临的特殊挑战。核应急作为核安全纵深防御体系中的最后一道防线，有着关乎国家安全的战略意义，对于未来发展核电有着举足轻重的作用。书中深入探讨了国内外核设施核应急计划区的确定标准、小型反应堆核动力厂核应急准备与响应的特点与优势、高温气冷堆核应急准备与响应的特点与优势，并论述了内陆模块式高温气冷堆应急计划区划分相关问题。

本书既具有一定的学术性，也具有一定的科普价值。在成书过程中，编者查阅了大量文献、报告等资料，力求内容比较全面和适用。虽经反复斟酌，但仍有许多问题有待进一步深入探讨和研究，书中存在的不足之处请各位专家、读者批评指正。参考文献所列机构、作者的研究成果对本书成稿提供了非常大的帮助，特此鸣谢！

编者
2023 年 8 月于华能核能技术研究院

目　录

第一章　全球内陆核电现状

1.1 世界核电发展简介 …… 1
1.2 全球核电机组分布情况 …… 5
　1.2.1 各国核电机组数量分布 …… 5
　1.2.2 美、法、俄三国运行核电机组地理位置分布 …… 7
1.3 中国核电机组分布情况 …… 10
　1.3.1 中国核电整体情况 …… 10
　1.3.2 大陆核电机组基础信息 …… 12
1.4 中国内陆核电发展现状 …… 14
　1.4.1 内陆核电情况 …… 14
　1.4.2 内陆核反应堆情况 …… 15

第二章　中国核电发展相关政策演变

2.1 核能的特殊性 …… 17
2.2 中国核安全政策 …… 19
　2.2.1 总体国家安全观 …… 19
　2.2.2 核安全法律体系 …… 20
　2.2.3 核动力厂许可证制度 …… 21
　2.2.4 核安全文化政策声明 …… 22

2.3 中国核电发展计划 …… 24
2.3.1 国家发展规划 …… 24
2.3.2 历届政府工作 …… 26
2.3.3“十四五”现代能源体系规划 …… 29
2.3.4 中国共产党第二十次全国代表大会 …… 31

第三章　发展内陆核电所面临的特殊挑战

3.1 水资源承载能力挑战 …… 34
3.2 环境风险挑战 …… 36
3.2.1 液态流出物排放 …… 36
3.2.2 气载流出物排放 …… 37
3.2.3 其他废物排放 …… 37
3.2.4 温排水效应 …… 38
3.2.5 排放的季节性问题 …… 38
3.3 公众接受度挑战 …… 39
3.4 核应急计划制定挑战 …… 41

第四章　国内外核设施核应急计划区的确定标准

4.1 核应急简介 …… 43
4.2 国际核应急计划区划分标准 …… 45
4.2.1 定义 …… 45
4.2.2 国际原子能机构对核应急计划区的划分 …… 46
4.2.3 美国核应急计划区划分标准 …… 48
4.2.4 法国核应急计划区划分标准 …… 49
4.2.5 日本核应急计划区划分标准 …… 50
4.2.6 俄罗斯核应急计划区划分标准 …… 50

4.3 中国核应急计划区划分标准 …………………………………… 52
4.3.1 中国核应急计划区划分的法律法规和标准 ……………… 52
4.3.2 中国核应急计划区划分原则 ……………………………… 53
4.3.3 确定应急计划区的一般方法与安全准则 ………………… 53
4.3.4 应急计划区的区域范围与实际边界的确定 ……………… 54
4.3.5 中国在运核电机组应急计划区划分 ……………………… 55

第五章　小型反应堆核应急准备与响应的特点与优势

5.1 小型反应堆研发进展 ………………………………………… 57
5.2 小型反应堆的特点和优势 …………………………………… 61
5.3 小型反应堆核应急计划区划分 ……………………………… 63
5.4 中国小型反应堆核应急计划区划分现状 …………………… 66
5.4.1 石岛湾 HTR-PM 示范工程项目应急计划区划分 ……… 66
5.4.2 昌江小型堆示范工程项目应急计划区划分 ……………… 66
5.5 小型堆应急计划区划分的困难 ……………………………… 67

第六章　高温气冷堆核应急准备与响应的特点和优势

6.1 模块式高温气冷堆简介 ……………………………………… 69
6.1.1 模块式高温气冷堆技术发展历程 ………………………… 69
6.1.2 模块式高温气冷堆的主要技术优势 ……………………… 70
6.2 模块式高温气冷堆核应急的特点 …………………………… 72
6.2.1 HTR-PM 的事故类型 …………………………………… 72
6.2.2 HTR-PM 事故的放射性后果 …………………………… 74
6.2.3 HTR-PM 的核应急特点与优势 ………………………… 75

第七章　内陆模块式高温气冷堆应急计划区划分探讨

7.1 小型模块化反应堆场外应急国内外研究概况 …… 77
7.2 内陆模块式高温气冷堆的优势 …… 79
7.3 内陆模块式高温气冷堆应急计划区划分 …… 80
7.3.1 应考虑的事故 …… 80
7.3.2 确定应急计划区的安全准则 …… 80
7.3.3 应急计划区测算方法 …… 80
7.3.4 应急计划区的确定 …… 82
7.4 模块式高温气冷堆场外应急要求优化建议 …… 82

第八章　中国核应急主要成就及发展展望

8.1 核应急工作主要成就 …… 85
8.2 未来核应急工作展望 …… 86
缩略语索引 …… 91
参考文献 …… 93

第一章　全球内陆核电现状

1.1　世界核电发展简介

当前世界上各种型式、规模的核反应堆有上千座，根据燃料形式、冷却剂种类、中子能量分布、特殊的设计需要等因素，可以分为各种不同的类型。按照使用功能分，主要分为研究堆、生产堆、动力堆。研究堆用来研究中子特性，进而对物理学、生物学、辐射防护学、材料学等方面进行研究。生产堆主要用来生产新的易裂变核素^{233}U、^{239}Pu和各种不同用途的同位素。动力堆分为军用动力堆和民用动力堆，核动力航空母舰、核动力潜艇、核动力巡洋舰等，属于军用动力堆；核电厂、民用核动力船、航天核动力推进装置、核动力水下潜器和水下工作站等，则属于民用动力堆。此外，一些特殊用途的反应堆，如供热堆、制氢堆、海水淡化堆等，也归结在动力堆范畴内。

目前以发电为主要目的、应用比较普遍的动力堆主要有压水堆（PWR）、沸水堆（BWR）、重水堆（PHWR）、高温气冷堆（HTGR）、快中子堆（LMFBR）。五种主要动力堆的基本特征如表 1 所示。

表 1　五种典型动力堆基本特征

堆型	缩写	中子谱	慢化剂	冷却剂	燃料
压水堆	PWR	热中子	轻水（H_2O）	轻水（H_2O）	UO_2
沸水堆	BWR	热中子	轻水（H_2O）	轻水（H_2O）	UO_2
重水堆	PHWR	热中子	重水（D_2O）	重水（D_2O）	UO_2
高温气冷堆	HTGR	热中子	石墨	氦气	（U，Th）O_2 或 UC
快中子堆	LMFBR	快中子	无	钠（液态）	（U，Pu）O_2

典型的核电机组发电原理如图 1 和图 2 所示，反应堆堆芯中的核燃料发生链式裂变反应后释放出大量能量，冷却剂进入反应堆堆芯进行冷却后将能量带至蒸汽发生器；蒸汽发生器中的水被加热成为水蒸气后送至汽轮机，推动汽轮发电机转动；发电机转动的过程中将机械能转变为电能，通过电网将电能输送至千家万户。

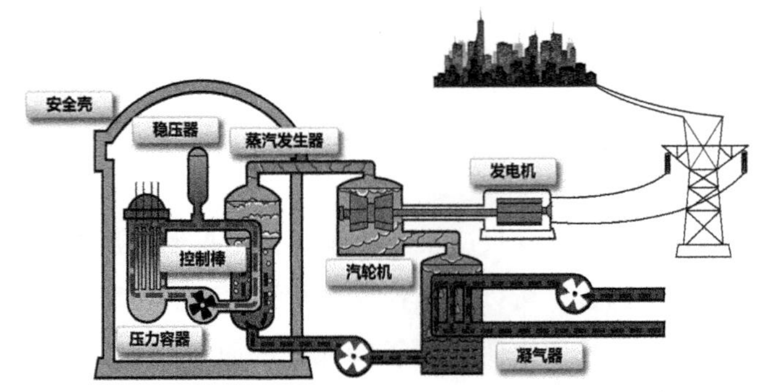

图 1　核电厂发电原理

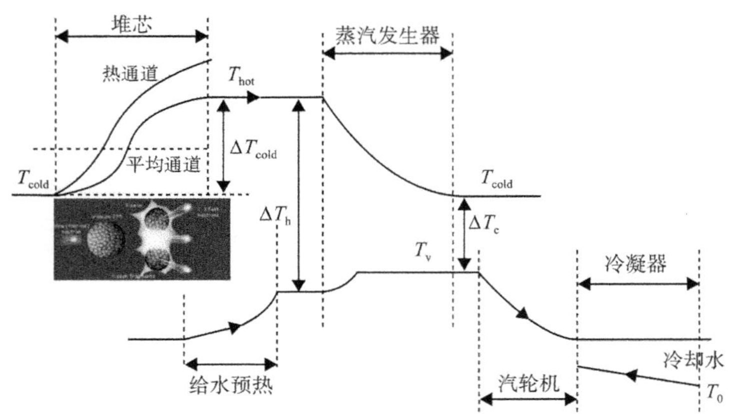

图 2　核电厂能量传递过程

注：T_{cold}：堆芯入口反应堆冷却剂温度；T_{hot}：堆芯进口反应堆冷却剂温度；T_v：蒸发器出口蒸汽温度；ΔT：温差；T_o：循环冷却水入口温度

人类首次实现核能发电，最早是在 1951 年。美国在爱达荷州的阿科试验基地建了一座钠冷快堆，于 1951 年 12 月 20 日实现核能发电，虽然电功率只有 100 kW，只够点亮 4 只灯泡，但标志着进入了核能发电时代。

1953 年，美国第 34 任总统艾森豪尔（Dwight D. Eisenhower）在第 8 届联合国大会上发表了关于“和平利用原子能计划”的演说，随后世界核电进入了发展期。

1951 年，苏联卡卢加州 OBNINSK 核电厂开始建设，距离莫斯科约 100 km，于 1954 年 6 月 27 日并网发电，电功率达到了 5 MW，首次实现了发电功率大于厂用电，是世界上第一座“实验核电厂”（见图 3）。

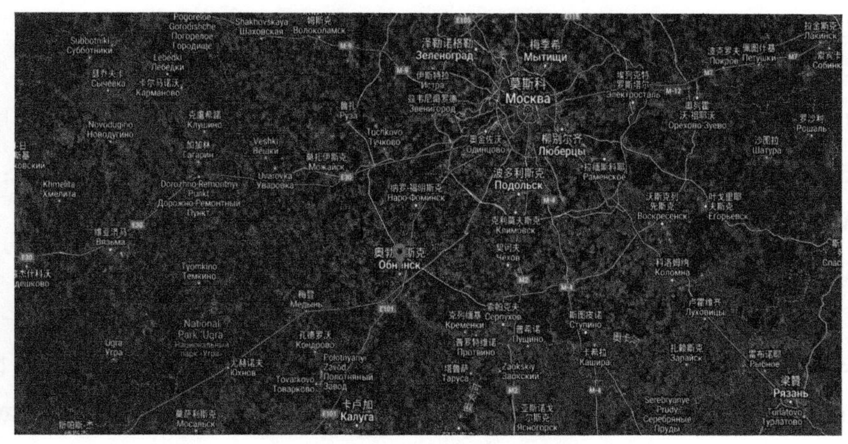

图 3　OBNINSK 核电厂地理位置

1957 年 12 月 2 日，美国在距离匹兹堡约 40 km 的宾夕法尼亚州希平港（Shippinport）核电厂建成发电，是世界上第一座“商用核电厂”。希平港核电厂位于美国宾夕法尼亚州俄亥俄河附近，距离匹兹堡约 40 km，也是世界上第一座“商用内陆”核电厂。希平港核电厂电功率 60 MW，于 1982 年 10 月 1 日宣布退役，运行约 25 年（见图 4）。

图 4　希平港核电厂地理位置

纵观世界核电发展历史，核电厂技术方案大致可以分为四代。第一代核电厂为原型堆，其目的在于验证核电设计技术和商业开发前景；第二代核电厂为技术成熟的商业堆，目前在运的核电厂绝大部分属于第二代核电厂；第三代核电厂为符合 URD（Utility Requirements Document）或 EUR（European Utility Requirements Document）要求的核电厂，其安全性和经济性均较第二代有所提高，属于未来发展的主要方向之一；第四代核电厂强化了防止核扩散等方面的要求，目前处在原型堆技术研发阶段。

伴随着核电技术的发展，从时间维度来看，大致分为四个阶段，分别是原型堆阶段、高速发展阶段、减缓发展阶段、复苏再发展阶段。

1）原型堆阶段（1954—1965 年）

1954—1965 年间世界共有 38 个机组投入运行，属于早期原型反应堆，即“第一代”核电厂。期间，1954 年苏联建成世界上第一座核电厂——5 MW 实验性石墨沸水堆；1956 年英国建成 45 MW 原型天然铀石墨气冷堆；1957 年美国建成 60 MW 原型压水堆；1962 年法国建成 60 MW 天然铀石墨气冷堆；1962 年加拿大建成 25 MW 天然铀重水堆。

2）高速发展阶段（1966—1980 年）

由于石油危机的影响以及被看好的核电经济性，核电得以高速发展。1966—1980 年间世界共有 242 个机组投入运行，属于“第二代”核电厂。在原型堆基础上，美国成批建造了 500~1 100 MW 的压水堆、沸水堆，并出口其他国家；苏联建造了 1 000 MW 石墨堆和 440 MW、1 000 MW VVER 型压水堆；日本、法国引进、消化了美国的压水堆、沸水堆技术；法国核电发电量增加了 20. 4 倍，比例从 3. 7%增加到 40%以上；日本核电发电量增加了 21. 8 倍，比例从 1. 3%增加到 20%。它们在进一步证明核能发电技术可行性的同时，使核电的经济性也得以证明。

目前世界上商业运行的 400 多座核电机组绝大部分是在这段时期建成的，习惯上称为第二代核电机组。

3）减缓发展阶段（1981—2000 年）

1981—2000 年间，由于 1979 年美国三哩岛以及 1986 年苏联切尔诺贝利核事故的发生，直接导致了世界核电的停滞，人们开始重新评估核电的安全性和经济性。为保证核电厂的安全，世界各国采取了增加更多安全设施、更严格审批制度等措施，以确保核电厂的安全可靠。

为了解决三哩岛和切尔诺贝利核电厂严重事故的负面影响，世界核电业界集中力量对严重事故的预防和缓解进行了研究和攻关，美国和欧洲先后出台了“先进轻水堆用户要求”文件（URD 文件）和“欧洲用户对轻水堆核电厂的要求”（EUR 文件），进一步明确了预防与缓解严重事故、提高安全可靠性和改善人因工程等方面的要求。最终成功研发出满足 URD 文件或 EUR 文件的第三代核电机组，堆型主要包括 EPR、AP1000、CAP1000/CAP1400、“华龙一号”。

4）复苏再发展阶段（21 世纪以来）

21 世纪以来，随着世界经济的复苏，以及越来越严重的能源、环境危机，核电作为清洁能源的优势又重新显现，同时经过多年的技术发展，核电的安全可靠性进一步提高，世界核电的发展开始进入复苏期，世界各国都制订了积极的核电发展规划，以第三代核电技术为主的核电厂开始了批量建设，尤其在中国的发展最为迅猛。

2000 年 1 月，在美国能源部的倡议下，美国、英国、瑞士、南非、日本、法国、加拿大、巴西、韩国和阿根廷等十个有意发展核能的国家，联合组成了“第四代国际核能论坛”（GIF），于 2001 年 7 月签署了合约，约定共同合作研究开发第四代核能技术。根据设想，第四代核能方案的安全性和经济性将更加优越，废物量极少，无需场外应急，并具备固有的防止核扩散的能力。最终超高温气冷堆、钠冷快堆、气冷快中子堆、铅冷快堆、熔盐堆和超临界轻水堆等六种堆型被公认为最具发展潜力的第四代反应堆技术。

被公认的第四代反应堆六种堆型：

（1）属于热中子反应堆：超临界水冷堆（SCWR）、超高温气冷堆（VHTR）、熔盐堆（MSR）。

（2）属于快中子堆（增值比大于1）：带有先进燃料循环的钠冷快堆（SFR）、铅冷快堆（LFR）、气冷快堆（GFR）。

历经70年发展，根据国际原子能机构（IAEA）发布的2022年核能发电数据显示（见图5），世界各国电力结构中核电占比超过10%的有21个国家，超过25%的有12个国家，超过40%的有5个国家。其中法国核能发电量占比62.6%，斯洛伐克占比59.2%，匈牙利占比47.0%，比利时占比46.4%，斯洛文尼亚占比42.8%；国外在运机组前五的国家，美国占比18.2%，法国占比62.6%，俄罗斯占比19.6%，日本占比6.1%，韩国占比30.4%；中国在运机组数量排第三，核能发电量占比为5.0%。

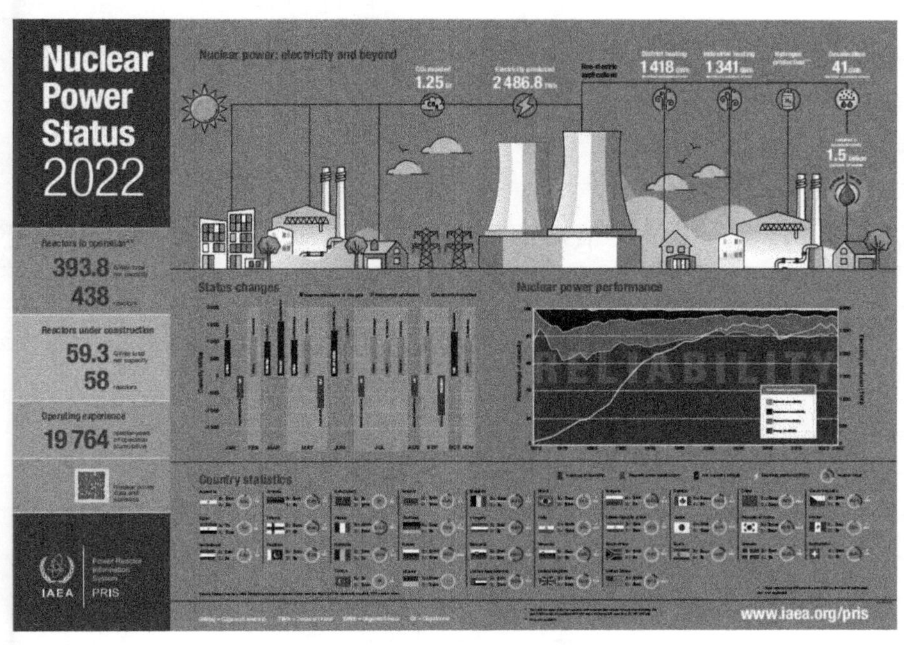

图5　2022年全球核电厂状态

1.2　全球核电机组分布情况

1.2.1 各国核电机组数量分布

截至2022年12月，全世界已有33个国家和地区拥有并网运行的核电厂；孟加拉国、土耳其和埃及等 3 国将要拥有核电厂，处于建设状态；并网运行的核电机组有 411 台（27 台临时停运），建设中的核电机组有 58 台，累计永久停役 204 台。在建机组总装机容量 0.593 亿千瓦，其中在 2022 年新开工的有 8 台（中国 5 台、土耳其 1 台、埃及 2 台）。

如表 2 所示，运行机组在 10 台以上的国家和地区有 10 个，位居前五位的分别是美国、法国、中国、俄罗斯、日本；在建机组位居前五位的分别是中国、印度、俄罗斯、土耳其、韩国。

表 2　截至 2022 年 12 月全世界核电机组情况

序号	国家		并网机组数量	建设中机组数量
1	USA	美国	92	2
2	FRANCE	法国	56	1
3	CHINA	中国	54	20
4	RUSSIA	俄罗斯	37	3
5	JAPAN	日本	33（23 台临时停运）	2
6	KOREAREP	韩国	25	3
7	INDIA	印度	23（4 台临时停运）	8
8	CANADA	加拿大	19	0
9	UKRAINE	乌克兰	15	2
10	UK	英国	9	2
11	BELGIUM	比利时	6	0
12	SPAIN	西班牙	7	0
13	PAKISTAN	巴基斯坦	6	0
14	CZECHREP	捷克	6	0
15	SWEDEN	瑞典	6	0
16	FINLAND	芬兰	5	0
17	HUNGARY	匈牙利	4	0
18	SLOVAKIA	斯洛伐克	4	2
19	SWITZERLAND	瑞士	4	0
20	CHINATAIWAN	中国台湾	3	0
21	ARGENTINA	阿根廷	3	1
22	GERMANY	德国	3	0
23	BRAZIL	巴西	2	1
24	BULGARIA	保加利亚	2	0
25	MEXICO	墨西哥	2	0
26	ROMANIA	罗马尼亚	2	0
27	SOUTHAFRICA	南非	2	0
28	UAE	阿联酋	3	1

续表

序号	国家		并网机组数量	建设中机组数量
29	ARMENIA	亚美尼亚	1	0
30	BELARUS	白俄罗斯	1	1
31	IRAN，ISLREP	伊朗	1	1
32	NETHERLANDS	荷兰	1	0
33	SLOVENIA	斯洛文尼亚	1	0
34	BANGLADESH	孟加拉国	0	2
35	Türkiye	土耳其	0	4
36	EGYPT	埃及	0	2

注：本数据不包含中华人民共和国港澳台地区相关数据。

1.2.2 美、法、俄三国运行核电机组地理位置分布

截至 2022 年 12 月，美国、法国、俄罗斯在运核电机组分别为 92 台、56 台、37 台，合计 185 台，占到全球在运核电机组的 42%。

1）美国运行核电机组地理位置分布

美国并网运行的 92 台核电机组中（见图 6），11 台为沿海厂址，78 台为滨湖或滨河厂址，3 台位于索若拉沙漠，远离河流和海洋。美国核电机组主要集中在中东部地区，内陆核电机组数占到美国在运机组总数的 89%，占到全球在运核电机组数的 18%（截至 2022 年 12 月）。

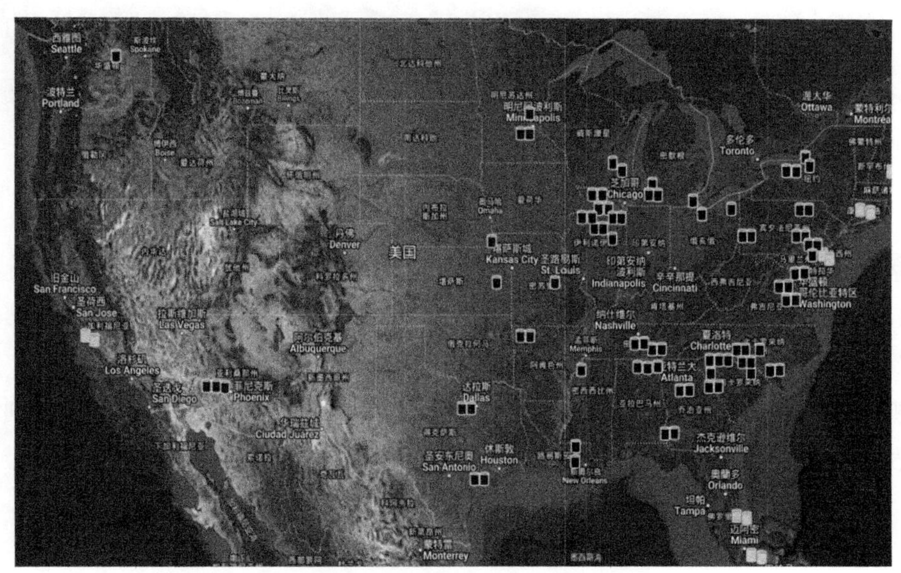

图 6　美国核电在运机组分布情况（2022 年）

注：图中深色为内陆厂址，浅色为沿海厂址。

美国亚利桑那州的帕洛维德（Palo Verde）核电厂，有3台机组，单台机组电功率1 414 MW，地处北美最炎热的索若拉沙漠（Sonoran Desert），是全世界唯一远离河流和海洋的核电厂，冷却水源用的是城市污水（见图7）。帕洛维德（Palo Verde）从包括菲尼克斯在内的多个周边城镇购买经一次处理的城市污水，然后再经核电厂内部的水回收处理设施进行二次处理后储存在现场的两个蓄水池中，给三台机组的冷却塔进行补水，这两个蓄水池容量总计400多万 m^3，大约能够维持核电厂运行两周。每年的总用水量大约为9 000万 m^3，每天从城市废水处理厂接收26.5万~34万 m^3 的一次处理水。经城市废水处理厂处理后的水已经满足美国环保署的排放要求，但为了提高水资源的利用率和水质，帕洛维德（Palo Verde）核电厂在现场又建造了二次水处理系统，对一次处理的城市废水进行提纯、过滤以及软化等二次处理，之后存入现场的蓄水池供核电厂冷却和其他辅助系统使用。

图7　帕洛维德（Palo Verde）核电厂

2）法国运行核电机组地理位置分布

法国由于电力发展的需求，核电机组主要建在卢瓦尔河、罗纳河、加龙河、塞纳河、默兹河等主要河流流经区域。法国境内共有8条河流，每条河流沿岸均建有核电厂。并网运行的56台机组中，14台为沿海厂址，42台为滨湖或滨河厂址，内陆核电机组数占到法国总机组数的75.0%，占到全球总机组数的9.5%（截至2022年12月），如图8所示。

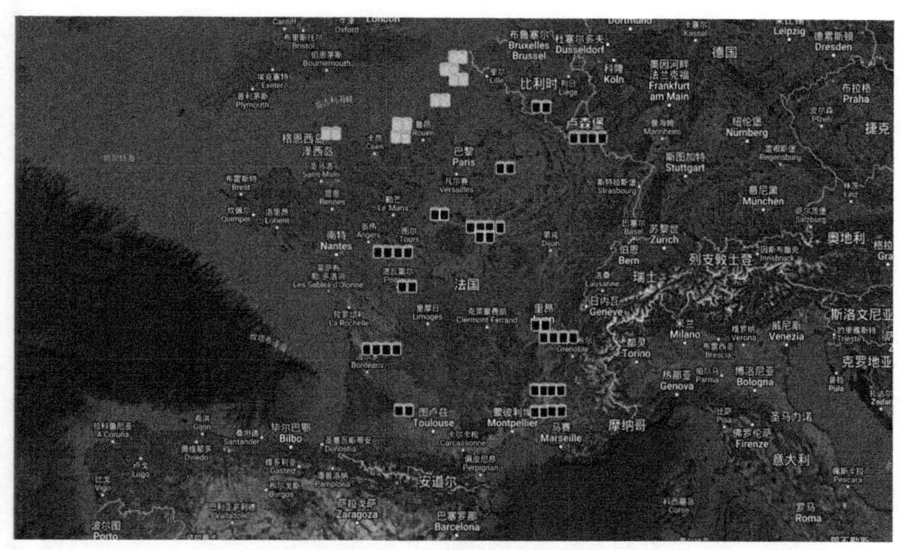

图 8　法国核电在运机组分布情况（2022 年）

注：图中深色为内陆厂址，浅色为沿海厂址。

3）俄罗斯运行核电机组地理位置分布

俄罗斯并网运行的 37 台核电机组中，4 台为沿海厂址，32 台为滨湖或滨河厂址，1 台为海上浮动核电厂，主要集中在东欧地区。其中内陆核电机组数占到俄罗斯机组总数的 86.5%，占到全球核电机组数的 7.2%（截至 2022 年 12 月），如图 9 所示。

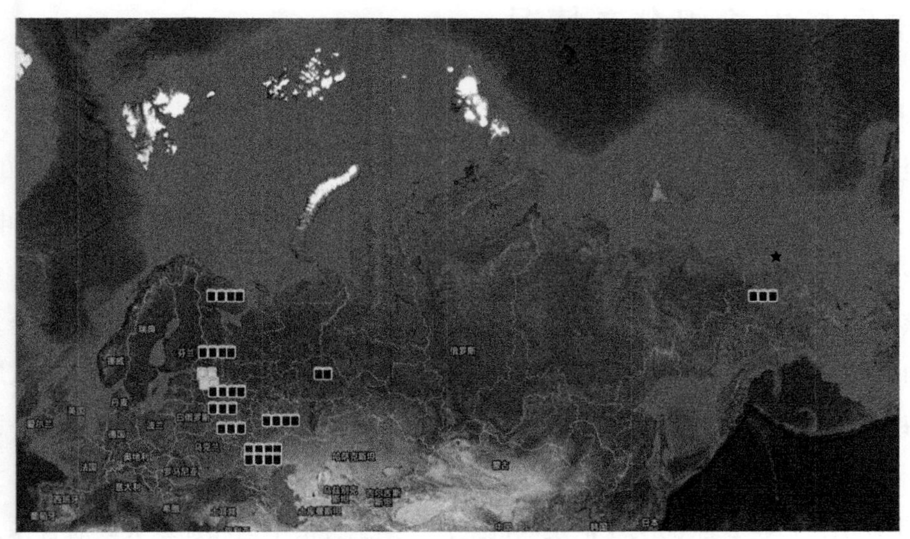

图 9　俄罗斯核电在运机组分布情况（2022 年）

注：图中深色为内陆厂址，浅色为沿海厂址，五角星为罗蒙诺索夫院士号浮动核电厂。

俄罗斯的 Akademik Lomonosov 核电厂是世界上第一个也是当前唯一的一座浮动式核电厂。2 个反应堆模块坐落在罗蒙诺索夫院士号上，罗蒙诺索夫院士号主船是一艘驳船（见图

10），船长 144 m、宽 30 m；由两条拖船牵引，一条拖船提供前进动力，一条拖船负责制动；另设有第三条备用拖船进行伴航。在俄罗斯楚科奇地区佩维克（Pevek）镇进行了试运行（图 9 中五角星标识位置），单模块核功率 150 MW、电功率 35 MW，于 2007 年 4 月开始建造，2019 年 12 月首次并网运行，2020 年 5 月投入商运。

图 10　罗蒙诺索夫院士号

1.3　中国核电机组分布情况

1.3.1 中国核电整体情况

截至 2022 年 12 月 31 日，中国大陆并网运行核电机组 54 台，总装机容量约 0.56 亿千瓦，累计运行约 524 堆・年，运行机组数量和装机容量均位居世界第三；在建核电机组 22 台，总装机容量约 0.25 亿 kW，位居世界第一。其中 2022 年开工建设的机组有 5 台，分别是田湾核电 8 号、徐大堡核电 4 号、三门核电 3 号、海阳核电 3 号和陆丰核电 5 号。

秦山核电厂是中国自行设计、建造和运营管理的第一座 30 万 kW 压水堆核电厂，地处浙江省海盐县。由中国核工业集团有限公司 100%控股，中核核电运行管理有限公司负责运行管理。1985 年 3 月 20 日开工，1991 年建成投入运行，年发电量 17 亿 kW・h。二期工程于 1996 年开工，扩建 2 台 60 万 kW 发电机组，三期工程由中国和加拿大政府合作，建设两台 70 万 kW 发电机组，于 2003 年建成。2015 年 1 月 12 日 17 时，秦山核电厂扩建项目方家山核电工程 2 号机组成功并网发电。至此，秦山核电基地 9 台机组全部投产发电，总装机容量达到 656.4 万 kW，年发电量约 500 亿 kW・h，成为中国大陆核电机组数量最多、堆型最丰富、装机容量最大的核电基地（见图 11）。

图 11　秦山核电鸟瞰图

大亚湾核电厂位于中国广东省深圳市龙岗区大鹏半岛，1994 年投入商业运行，是中国大陆建成的第二座核电厂，也是中国大陆地区首座使用国外技术和资金建设的大型商用核电厂。此后，在大亚湾核电厂之侧又建设了岭澳核电厂，两者共同组成一个大型核电基地（见图 12）。

图 12　大亚湾核电鸟瞰图

截至 2022 年 12 月，中国大陆现有并网运行核电机组 54 台，在建商用核电机组 22 台；台湾省运行核电机组 3 台，分别是国圣 2 号（核二厂），马鞍山 1、2 号（核三厂），如图 13 所示。目前中国所有核电机组都建在沿海地区。

图 13　台湾省核电厂分布

1.3.2 大陆核电机组基础信息

截至 2022 年 12 月，中国大陆并网运行核电机组 54 台，在建商用核电机组 22 台，基础信息如表 3 所示。

表 3　截至 2022 年 12 月中国大陆在运核电机组统计表

序号	机组	机型	位置	容量/MW	并网时间	商运时间	控股集团
1	秦山一期	CNP300	浙江海盐	330	1991. 12. 15	1994. 04. 01	中核
2	大亚湾 1 号	M310	广东深圳	984	1993. 08. 31	1994. 02. 01	中广核
3	大亚湾 2 号	M310	广东深圳	984	1994. 02. 07	1994. 05. 06	中广核
4	秦山二期 1 号	CNP600	浙江海盐	650	2002. 02. 06	2002. 04. 15	中核
5	秦山二期 2 号	CNP600	浙江海盐	650	2004. 03. 11	2004. 05. 03	中核
6	秦山二期 3 号	CNP600	浙江海盐	660	2010. 08. 01	2010. 10. 05	中核
7	秦山二期 4 号	CNP600	浙江海盐	660	2011. 11. 25	2011. 12. 30	中核
8	秦山三期 1 号	CANDU6	浙江海盐	728	2002. 11. 19	2002. 12. 31	中核
9	秦山三期 2 号	CANDU6	浙江海盐	728	2003. 06. 12	2003. 07. 24	中核
10	方家山 1 号	CNP1000	浙江海盐	1 089	2014. 11. 04	2014. 12. 15	中核
11	方家山 2 号	CNP1000	浙江海盐	1 089	2015. 01. 12	2015. 02. 12	中核
12	岭澳 1 号	M310	广东深圳	990	2002. 02. 26	2002. 05. 28	中广核
13	岭澳 2 号	M310	广东深圳	990	2002. 09. 14	2003. 01. 08	中广核
14	岭澳 3 号	CPR1000	广东深圳	1 086	2010. 07. 15	2010. 09. 15	中广核
15	岭澳 4 号	CPR1000	广东深圳	1 086	2011. 05. 03	2011. 08. 07	中广核
16	田湾 1 号	VVER1000	江苏连云港	1 060	2006. 05. 12	2007. 05. 17	中核
17	田湾 2 号	VVER1000	江苏连云港	1 060	2007. 05. 14	2007. 08. 16	中核
18	田湾 3 号	VVER1000	江苏连云港	1 126	2017. 12. 30	2018. 02. 15	中核

续表

序号	机组	机型	位置	容量/MW	并网时间	商运时间	控股集团
19	田湾4号	VVER1000	江苏连云港	1 126	2018. 10. 27	2018. 12. 22	中核
20	田湾5号	CNP1000	江苏连云港	1 118	2020. 08. 08	2020. 09. 08	中核
21	田湾6号	CNP1000	江苏连云港	1 118	2021. 05. 11	2021. 06. 02	中核
22	红沿河1号	CPR1000	辽宁瓦房店	1 118	2013. 02. 17	2013. 06. 06	中广核/国电投
23	红沿河2号	CPR1000	辽宁瓦房店	1 118	2013. 11. 23	2014. 05. 13	中广核/国电投
24	红沿河3号	CPR1000	辽宁瓦房店	1 118	2015. 03. 23	2015. 08. 16	中广核/国电投
25	红沿河4号	CPR1000	辽宁瓦房店	1 118	2016. 04. 01	2016. 06. 08	中广核/国电投
26	红沿河5号	CPR1000	辽宁瓦房店	1 118	2021. 06. 25	2021. 07. 31	中广核/国电投
27	红沿河6号	CPR1000	辽宁瓦房店	1 118	2022. 05. 02	2022. 06. 23	中广核/国电投
28	宁德1号	CPR1000	福建宁德	1 089	2012. 12. 28	2013. 04. 15	中广核
29	宁德2号	CPR1000	福建宁德	1 089	2014. 01. 04	2014. 05. 04	中广核
30	宁德3号	CPR1000	福建宁德	1 089	2015. 03. 21	2015. 06. 10	中广核
31	宁德4号	CPR1000	福建宁德	1 089	2016. 03. 29	2016. 07. 21	中广核
32	阳江1号	CPR1000	广东阳江	1 086	2013. 12. 31	2014. 03. 25	中广核
33	阳江2号	CPR1000	广东阳江	1 086	2015. 03. 10	2015. 06. 05	中广核
34	阳江3号	CPR1000	广东阳江	1 086	2015. 10. 18	2016. 01. 01	中广核
35	阳江4号	CPR1000	广东阳江	1 086	2017. 01. 08	2017. 03. 15	中广核
36	阳江5号	CPR1000	广东阳江	1 086	2018. 05. 23	2018. 07. 12	中广核
37	阳江6号	CPR1000	广东阳江	1 086	2019. 06. 29	2019. 07. 24	中广核
38	福清1号	CNP1000	福建福清	1 089	2014. 08. 20	2014. 11. 19	中核
39	福清2号	CNP1000	福建福清	1 089	2015. 08. 06	2015. 10. 16	中核
40	福清3号	CNP1000	福建福清	1 089	2016. 09. 07	2016. 10. 24	中核
41	福清4号	CNP1000	福建福清	1 089	2017. 07. 29	2017. 09. 17	中核
42	福清5号	HPR1000	福建福清	1 161	2020. 11. 27	2021. 01. 30	中核
43	福清6号	HPR1000	福建福清	1 161	2022. 01. 04	2022. 03. 25	中核
44	昌江1号	CNP600	海南昌江	650	2015. 11. 07	2015. 12. 25	中核
45	昌江2号	CNP600	海南昌江	650	2016. 06. 20	2016. 08. 12	中核
46	防城港1号	CPR1000	广西防城港	1 086	2015. 10. 25	2016. 01. 01	中广核
47	防城港2号	CPR1000	广西防城港	1 086	2016. 07. 15	2016. 10. 01	中广核
48	三门1号	AP1000	浙江三门	1 251	2018. 06. 30	2018. 09. 21	中核
49	三门2号	AP1000	浙江三门	1 251	2018. 08. 24	2018. 11. 05	中核
50	海阳1号	AP1000	山东海阳	1 253	2018. 08. 17	2018. 10. 22	国电投
51	海阳2号	AP1000	山东海阳	1 253	2018. 10. 13	2019. 01. 09	国电投
52	台山1号	EPR	广东台山	1 750	2018. 06. 29	2018. 12. 13	中广核
53	台山2号	EPR	广东台山	1 750	2019. 06. 23	2019. 09. 07	中广核
54	石岛湾0号	HTR-PM	山东荣成	211	2021. 12. 20	——	华能

注：1）红沿河核电由中广核和国电投等比例控股；

2）中核：全称“中国核工业集团有限公司”；
3）中广核：全称“中国广核集团有限公司”；
4）国电投：全称“国家电力投资集团有限公司”；
5）华能：全称“中国华能集团有限公司”。

表 4　截至 2022 年 12 月中国大陆在建核电机组统计表

序号	机组	机型	位置	容量/MW	FCD 时间	控股集团
1	防城港 3 号	HPR1000	广西防城港	1 180	2015. 12	中广核
2	防城港 4 号	HPR1000	广西防城港	1 180	2016. 12	中广核
3	示范快堆 1 号	CFR600	福建霞浦	600	2017. 12	中核
4	国核示范 1 号	CAP1400	山东荣成	1 534	2019	国电投
5	国核示范 2 号	CAP1400	山东荣成	1 534	2019	国电投
6	福建漳州 1 号	HPR1000	福建漳州	1 212	2019. 1	中核
7	太平岭 1 号	HPR1000	广东太平岭	1 202	2019. 12	中广核
8	福建漳州 2 号	HPR1000	福建漳州	1 212	2020. 09	中核
9	太平岭 2 号	HPR1000	广东太平岭	1 202	2020. 10	中广核
10	示范快堆 2 号	CFR600	福建霞浦	600	2020. 12	中核
11	三澳 1 号	HRP1000	浙江三澳	1 210	2020. 12	中广核
12	昌江 3 号	HPR1000	海南昌江	1 200	2021. 03	华能
13	田湾 7 号	VVER-1200	江苏连云港	1 265	2021. 05	中核
14	徐大堡 3 号	VVER-1200	辽宁徐大堡	1 274	2021. 07	中核
15	玲珑 1 号	ACP100	海南昌江	125	2021. 07	中核
16	昌江 4 号	HPR1000	海南昌江	1 200	2021. 12	华能
17	三澳 2 号	HPR1000	浙江三澳	1 210	2021. 12	中广核
18	田湾 8 号	VVER-1200	江苏连云港	1 265	2022. 02	中核
19	徐大堡 4 号	VVER-1200	辽宁徐大堡	1 274	2022. 05	中核
20	三门 3 号	CAP1000	浙江三门	1 251	2022. 06	中核
21	海阳 3 号	CAP1000	山东海阳	1 253	2022. 07	国电投
22	陆丰 5 号	HPR1000	广东陆丰	1 200	2022. 09	中广核

1.4　中国内陆核电发展现状

1.4.1 内陆核电情况

2008 年以来，中国多个省份都有发展内陆核电的计划，项目达到了 30 多个。最先启动的项目是湖南桃花江核电、湖北咸宁大畈核电、江西彭泽核电，这三个项目曾获得了国家发改委的“路条”。所谓“路条”就是国家发改委允许项目可以进行前期工作，比如厂址路面、气象、勘测和地质调查等工作都可以进行，但未获得建造许可证。2011 年 3 月日本福岛核事故发生后，所有的内陆核电项目均被叫停，至今尚无一个项目获得核准。

1.4.2 内陆核反应堆情况

中国内陆地区虽然没有核电机组，但兆瓦级实验用核反应堆却不少，目前有 11 座，最小的反应堆额定热功率为 1 MW，最大的反应堆额定热功率为 125 MW，西安脉冲堆瞬态热功率可达到 400 MW。2023 年，国家核安全局发布了《关于颁发 2 MWt 液态燃料钍基熔盐实验堆运行许可证的通知》，运行许可证有效期为 10 年。上述核反应堆基本信息见表 5。

表 5　中国内陆核反应堆统计

序号	堆名	堆型	热功率	首次临界时间	位置
1	101 研究堆	重水堆	10 MW	1958 年	北京
2	清华大学试验堆	轻水堆	2. 8 MW	1964 年	北京
3	492 游泳池堆	轻水堆	3. 5 MW	1964 年	北京
4	高通量工程试验堆	轻水堆	125 MW	1979 年	四川
5	低温核供热堆	轻水堆	5 MW	1989 年	北京
6	中国脉冲堆	轻水堆	1 kW/1 MW	1991 年	四川
7	岷江试验堆	轻水堆	5 MW	1991 年	四川
8	西安脉冲堆	轻水堆	2 MW/4 000 MW	1999 年	陕西
9	高温气冷堆	气冷堆	10 MW	2000 年	北京
10	先进高通量研究堆	轻水堆	60 MW	2010 年	北京
11	中国实验快堆	钠冷快堆	65 MW	2010 年	北京
12	钍基熔盐实验堆	钍基熔盐反应堆	2 MW	2021 年	甘肃

注：脉冲堆功率分为稳定运行功率和脉冲运行功率。

2022 年全世界开工建设的核电机组有 8 台，中国大陆有 5 台，均在沿海地区，分别是江苏田湾核电 8 号机组、辽宁徐大堡核电 4 号机组、浙江三门核电 3 号机组、山东海阳核电 3 号机组和广东陆丰核电 5 号机组。

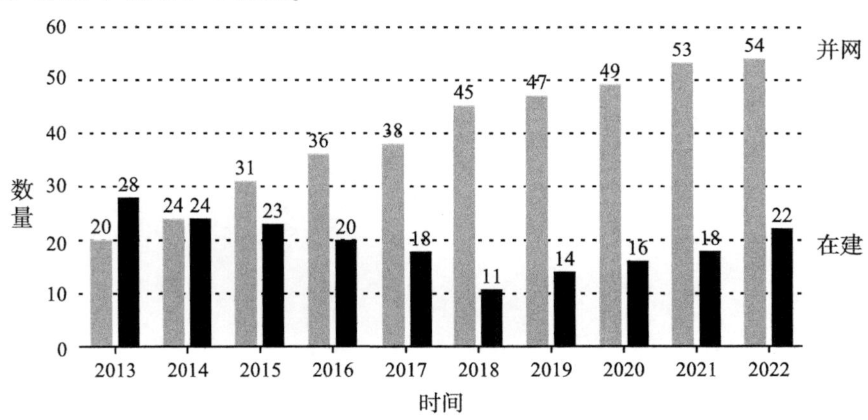

图 14　2013 年至 2022 年（10 年）中国大陆并网运行和在建核电机组数量

随着能源需求的急剧增长，传统能源日益不足，能源安全成为国家发展的重要战略，内陆核电的发展会越来越受到关注。内陆地区多山、荒漠和高海拔等地形条件限制着传统能源的开发，而核能作为一种高效节能、清洁环保的能源，对内陆地区的发展具有重大意义。

2023 年，第十四届全国政协委员、中国广核集团有限公司党委书记、董事长杨长利与其他 14 位全国政协委员向大会提交了《关于加大核电发展力度，拓展内陆地区建设，推广核能供暖的提案》。该提案建议，在确保安全前提下，未来十年保持每年核准开工 10 台以上机组。同时，在清洁基荷电力供应保障能力不足、碳排放和污染物排放强度过大的内陆地区，尽早启动核电项目的规划建设工作，力争“十四五”实现核准开工。

内陆核电在不同环境条件下的多样化优势将会得到充分的发挥。除了建设大型核电厂外，内陆地区还可以尝试建设小型核电厂，以满足不同场景和需求的能源供应。人们对能源的需求越来越高，但能源开发的方式和效果也越来越受到关注。在内陆核电的发展过程中，需要以推动可持续性发展为核心，尽可能地减少碳排放和环境污染，实现绿色发展。

第二章　中国核电发展相关政策演变

2.1　核能的特殊性

从1938年发现核裂变现象到1942年第一个反应堆开始运行，进而发展到有443台核电机组在运行（截至2022年12月），核能已经成为世界上多数发达国家所需能源的重要组成部分。

铀-235（^{235}U）原子核在吸收一个中子以后发生裂变，在放出2~3个中子的同时伴随产生巨大的能量，这种能量就是我们今天所说的核裂变能。核能的另一种形式——核聚变能，至今尚未被人类完全掌握（见图15）。

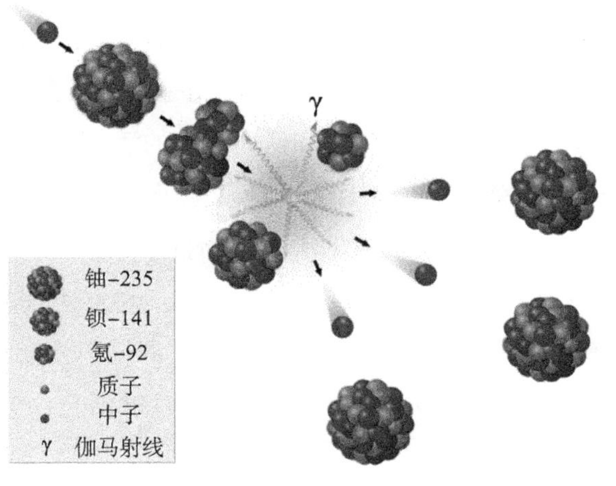

图15　核裂变原理图

核能最大特点就是“几近完美的能源优势与潜在的巨大危险性”的矛盾。作为清洁能源，核能可以有效减少碳排放，成为替代化石能源的希望。但美国三哩岛核事故、苏联切尔诺贝利核事故、日本福岛核事故等核事故的发生，也给核电发展蒙上阴影，造成严重影响。

1）1979年3月28日发生在美国宾夕法尼亚州三哩岛2号机堆芯熔化事故（5级核事故）

三哩岛事故导致堆芯严重损毁，约90%的燃料包壳破损，47%的燃料熔毁，约20 t二氧化铀堆积在压力容器底部，2号机组从此永久关闭。事故造成约1 500 m^{3}高放废水泄漏至反应堆厂房和辅助厂房内，由于安全壳的屏蔽作用，只有2%放射性物质被释放到环境中。事故期间和后期处理耗时超过14年、耗资超过9.75亿美元。由于恐慌，离核电厂15英里范围内共约14.4万人撤离。事故后美国30多年没有新建核电机组。

2）1986年4月26日发生在苏联切尔诺贝利4号机反应堆爆炸事故（7级核事故）

世界核电史上最严重的事故之一。切尔诺贝利事故导致堆芯完全熔毁，产生爆炸起火。随后的4个月内死亡30人，均为核电厂工作人员或消防队员，其中28人因辐射致死，另外2人分别死于爆炸和烧伤。499人住院观察，其中237人开始被检查有急性放射病症状，最后诊断为急性放射病者为134人。事故后约11.6万人立即从反应堆周围地区撤离，最终约34.6万人从受影响地区迁走。

3）2011年3月11日发生的日本福岛第一核电厂核泄漏事故（7级核事故）

世界核电史上最严重的事故之一。日本东北外海发生地震引发海啸，海水倾入福岛第一核电厂，导致核电厂失去了供电，反应堆余热未能及时排出，反应堆内温度上升，燃料包壳与水发生了锆水反应，生成的氢气聚集在反应堆厂房顶部，1号、3号、4号反应堆厂房先后发生爆炸。事故导致3座反应堆熔毁，约18万居民大撤离，大量放射性物质释放到环境中。截至2016年3月，已支付的赔偿金超过6万亿日元（556亿美元）。1~4号机组正在实施退役计划，预计需30~40年，预计每台机组的退役费用可高达26亿~92亿美元。

作为释放核能的反应堆，伴随着巨大能量的同时也是一个巨大的放射源，在核燃料裂变时会产生中子和γ辐射，裂变产生的裂变产物和活化产生的活化产物衰变时也会产生α、β和γ辐射。这些东西就像子弹、炮弹一样，无时无刻地从原子核里放出来，叫“放射性”。子弹运动，是有能量的，射中了人或动物非死即伤。放射性物质射出来的“子弹”太小，不足以引发人的痛觉，但可以对人的细胞和DNA造成伤害，致人死亡或癌变。一个运行中的1 000 MW的反应堆含有约2×10^{8} TBq（约5 000 MCi）的放射性物质。另外，由于冷却剂本身以及它含有的杂质和它携带的腐蚀产物流经堆芯时被活化，它连续不断地将在堆芯产生的放射性物质带到相关的系统和设备中去。

除与其他电力生产一样可能遭遇到一般工业安全风险外，核能还需面对核安全风险，主要包括放射性、衰变热和堆芯巨大的能量，在核安全得不到保障的情况下其将直接危害人员、公众和环境，且具有“事故的突发性、危害的难以感知性、污染后果的难以消除性、社会公众的极度敏感性、行业内的紧密关联性”等显著特征，核安全风险如图16所示。

因此，**世界上任何一个国家在发展核能事业时，都应将“核安全”放在最重要的位置上。**

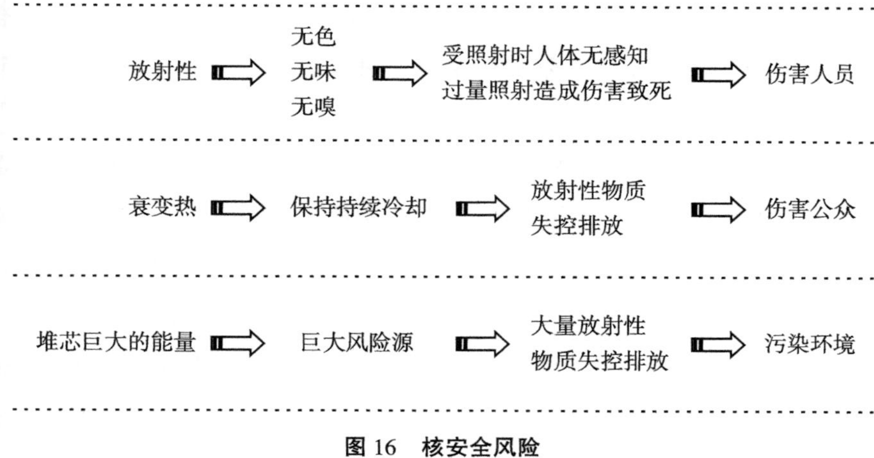

图 16 核安全风险

2.2 中国核安全政策

2.2.1 总体国家安全观

党的十八大以来，以习近平同志为核心的党中央顺应时代发展大势，从新时代坚持和发展中国特色社会主义的战略高度，创造性地提出了“总体国家安全观”。国家安全是安邦定国的重要基石，核安全是国家安全的重要组成部分。《总体国家安全观学习纲要》关于核安全的论述如下：

努力打造核安全命运共同体。核能发展伴生着核安全风险和挑战。人类要更好利用核能、实现更大发展，就必须应对好各种核安全挑战，维护好核材料和核设施安全。核能事业发展不停步，加强核安全的努力就不能停止。

加强核安全，既是我们的共同承诺，也是我们的共同责任。我们要坚持理性、协调、并进的核安全观，以公平原则固本强基，以合作手段驱动发展，以共赢前景坚定信心，把核安全进程纳入健康持续发展的轨道。坚持发展和安全并重，以确保安全为前提发展核能事业，要使核能事业发展的希望之火永不熄灭，就必须牢牢坚持安全第一原则；坚持权利和义务并重，以尊重各国权益为基础推进国际核安全进程，切实履行核安全国际法律文书规定的义务，全面执行联合国安理会有关决议，巩固和发展现有核安全法律框架；坚持自主和协作并重，以互利共赢为途径寻求普遍核安全，吸引更多国家加入国际核安全进程，争取实现核安全进程全球化；坚持治标和治本并重，以消除根源为目标全面推进核安全努力，实现核能的持久安全和发展。

中国一向把核安全工作放在和平利用核能事业的首要位置。中国将继续加强本国核安全，构建核安全能力建设网络，推广减少高浓铀合作模式，实施加强放射源安全行动计划，启动应对核恐怖危机技术支持倡议，推广国家核电安全监管体系。中国将坚定不移增强自身核安全能力，继续致力于加强核安全政府监管能力建设，加大核安全技术研发和人力资源投入力度。坚定不移维护地区和世界和平稳定，坚持和平发展、合作共赢，通过平等对话和友好协商妥善处理矛盾和争端，同各国一道致力于消除核恐怖主义和核扩散存在的根源。

加强国际核安全体系，是核能事业健康发展的基本前提，更是推进全球安全治理、构建新型国际关系、完善世界秩序的重要环节。强化政治投入，把握标本兼治方向。凝聚加强核安全的国际共识，对核恐怖主义零容忍、无差别，推动全面落实核安全法律义务及政治承诺。强化国家责任，构筑严密持久防线。从国家层面部署实施核安全战略，制定中长期核安全发展规划，完善核安全立法和监管机制。强化国际合作，推动协调并进势头。以国际原子能机构为核心，协调、整合全球核安全资源。强化核安全文化，营造共建共享氛围。法治意识、忧患意识、自律意识、协作意识是核安全文化的核心，要贯穿到每位从业人员的思想和行动中，使他们知其责、尽其职。

2.2.2 核安全法律体系

为了保护人类和环境免受放射性危害，减轻核安全问题对公众和社会的不良影响，需要确定一个合理的核安全目标。核安全目标是在核设施的选址、设计、建造及运行的全过程必须贯彻一整套基本原则，确保选址及电厂状态遵循普遍接受的健康和安全准则。

中国大陆核安全法律体系划分为五个层次，如图 17 所示。

第一层次，是由全国人民代表大会和全国人民代表大会常务委员会制定的法律。其中，《宪法》第二十六条规定：“国家保护和改善生活环境和生态环境，防治污染和其他公害”，为制定核安全法律法规、保护公民健康和生命及环境免受核能利用过程中产生的电离辐射的损害奠定了宪法基础。《放射性污染防治法》旨在核能开发、核技术应用以及伴生矿物资源开发利用中造成的环境污染的防治。《核安全法》由中华人民共和国第十二届全国人民代表大会常务委员会第二十九次会议于 2017 年 9 月 1 日通过，自 2018 年 1 月 1 日起施行。

第二层次，是由国务院发布的行政法规。如 1986 年颁布的《中华人民共和国民用核设施安全监督管理条例》、1987 年颁布的《中华人民共和国核材料管制条例》、1993 年颁布的《核电厂核事故应急管理条例》以及 2000 年以后陆续颁布的《放射性同位素与射线装置安全和防护条例》《放射性物品安全运输管理条例》和《放射性废物安全管理条例》等。

第三层次，是由国务院下属各部门制定的规章，包括国务院条例的实施细则和核安全技术要求的行政管理规定。

第四层次，是核安全领域的指导性文件，即核安全导则。核安全导则描述了执行核安全部门规章采取的方法和程序，但不是强制执行的文件。通常，在各个核安全导则中都会说明可以采用与本导则推荐的不同的其他适宜的方法，但必须向国家核安全局证明所采用的方法与本导则具有相等的安全水平。

第五层次，是核安全领域的技术文件，主要是指国家标准、行业标准以及等效采用的国际标准等核安全相关技术文件。

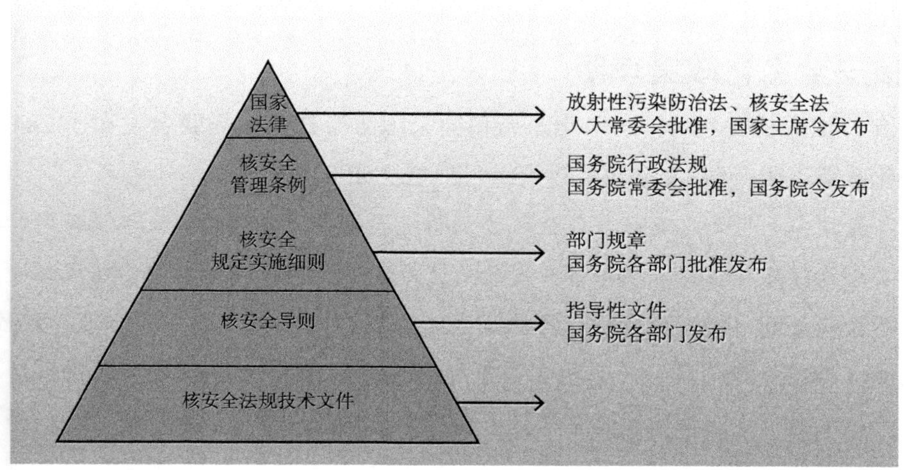

图 17 中国核安全法律体系

2.2.3 核动力厂许可证制度

中国大陆对核设施的核安全监管实行核安全许可证审评制度。核电厂在选址、建造、调试、运行和退役等阶段均需取得国家颁发的相应阶段的许可证，方可实施相关活动。对核电厂许可证管理实行“两步法”管理，即“建造许可证”和“运行许可证”两个阶段。

许可证申请的流程主要分为选址、建造、装料和运行阶段，对应各阶段需要分别获得厂址选择审查意见书、建造许可证和运行许可证。

申请厂址选择审查意见书时需要提交：厂址选择意见书申请书、厂址安全分析报告。

申请建造许可证时需要提交：建造许可证申请书、初步安全分析报告、环境影响评价文件、设计与建造阶段质量保证大纲。

申请运行许可证时需要提交：核电厂环境影响报告（运行阶段）批准书、核电厂质量保证大纲（运行阶段）、《核电厂调试大纲》、核电厂在役检查大纲、核电厂装换料大纲、核电厂维修大纲、核电厂场内核事故应急预案、核电厂建造进展报告、役前检查报告、核电厂装料前调试报告、核电厂操纵人员合格证明、核电厂拥有核材料许可证的证明、核电厂运行规程清单。

申请人向生态环境部（国家核安全局）提交设施许可证申请文件及其执照申请文件，国家核安全局首先进行形式审查，之后组织技术支持单位进行技术审评并提出审评问题，申请人对评审做出回答、解释或相应的必要补充或修改。如果对审评提出的技术问题得到落实和基本解决后，技术支持单位编制技术评价报告，上报国家核安全局。必要时国家核安全局向国务院有关部门及核设施所在地省级人民政府征询意见后，组织核安全与环境专家委员会进行审议形成咨询意见；对符合条件的建设项目，国家核安全局做出批准决定，书面通知申请人，并抄送有关部门；对不符合条件的建设项目，国家核安全局做出不予批准的决定，并书面通知申请人。

2.2.4 核安全文化政策声明

2014 年，国家核安全局、国家能源局和国家国防科技工业局联合发布了 286 号文——核安全文化政策声明。《核安全文化政策声明》全文如下：

核能与核技术利用是人类社会现代科技文明发展的成果给人类带来福祉的同时也伴随着风险。核安全是核能与核技术利用事业发展的生命线，是国家安全的重要组成部分。中国始终坚持在确保安全的前提下发展核能与核技术。为贯彻国家安全战略，落实“理性、协调、并进”的中国核安全观，履行国家核安全责任和国际核安全义务，大力培育和发展核安全文化以提升核安全水平，保障核能与核技术利用事业安全、健康、可持续发展，特发布核安全文化政策声明。

政策声明旨在阐明对核安全文化的基本态度，培育和实践核安全文化的原则要求。国家核安全监管部门和相关部门、各核能与核技术利用单位、工程和服务单位及利益相关单位应共同遵守和践行本政策声明中的态度、立场和原则，强化法治意识、责任意识、风险意识和诚信意识，营造重视核安全、守护核安全、珍惜核安全的文化氛围。

中国重视核安全文化建设，并在各个管理环节不断践行核安全文化的理念和原则，坚持以现行的国家核安全法规和最新核安全标准，以及国际最高安全要求对核能与核技术利用活动实施监管。面对当前中国核电发展不断加快与公众安全诉求不断增长的形势，中国将更加积极地倡导、培育和传播全社会核安全文化，持续提高核安全文化素养。

一、核安全与核安全文化

核安全是指对核设施、核活动、核材料和放射性物质采取必要和充分的监控、保护、预防和缓解等安全措施，防止由于任何技术原因、人为原因或自然灾害造成事故，并最大限度地减少事故情况下的放射性后果，从而保护工作人员、公众和环境免受不当的辐射危害。

核安全文化是指各有关组织和个人以“安全第一”为根本方针，以维护公众健康和环境安全为最终目标，达成共识并付诸实践的价值观、行为准则和特性的总和。

中国奉行“理性、协调、并进”的核安全观，其内涵核心为“四个并重”，即“发展和安全并重、权利和义务并重、自主和协作并重、治标和治本并重”，它是现阶段中国倡导的核安全文化的核心价值观，是国际社会和中国核安全发展经验的总结。

二、核安全文化的培育与实践

核安全文化需要内化于心，外化于形，让安全高于一切的核安全理念成为全社会的自觉行动；建立一套以安全和质量保证为核心的管理体系，健全规章制度并认真贯彻落实；加强队伍建设，完善人才培养和激励机制，形成安全意识良好、工作作风严谨、技术能力过硬的人才队伍。

决策层的安全观和承诺。决策层要树立正确的核安全观念。在确立发展目标、制定发展规划、构建管理体系、建立监管机制、落实安全责任等决策过程中始终坚持“安全第一”的根本方针，并就确保安全目标做出承诺。

管理层的态度和表率。管理层要以身作则，充分发挥表率和示范作用，提升管理层自身安全文化素养，建立并严格执行安全管理制度，落实安全责任，授予安全岗位足够的权力，给予安全措施充分的资源保障，以审慎保守的态度处理安全相关问题。

全员的参与和责任意识。全员正确理解和认识各自的核安全责任，做出安全承诺，严格执行各项安全规定，形成人人都是安全的创造者和维护者的工作氛围。

培育学习型组织。各组织要制定系统的学习计划，积极开展培训、评估和改进行动，激励学习、提升员工综合技能，形成继承发扬、持续完善、戒骄戒躁、不断创新、追求卓越、自我超越的学习气氛。

构建全面有效的管理体系。政府应建立健全科学合理的管理体制和严格的监管机制；营运单位应建立科学合理的管理制度。确保在制定政策、设置机构、分配资源、制订计划、安排进度、控制成本等方面的任何考虑不能凌驾于安全之上。

营造适宜的工作环境。设置适当的工作时间和劳动强度，提供便利的基础设施和硬件条件，建立公开公正的激励和员工晋升机制；加强沟通交流，客观公正地解决冲突矛盾，营造相互尊重、高度信任、团结协作的工作氛围。

建立对安全问题的质疑、报告和经验反馈机制。倡导对安全问题严谨质疑的态度；建立机制鼓励全体员工自由报告安全相关问题并且保证不会受到歧视和报复；管理者应及时回应并合理解决员工报告的潜在问题和安全隐患；建立有效的经验反馈体系，结合案例教育，预防人因失误。

创建和谐的公共关系。通过信息公开、公众参与、科普宣传等公众沟通形式，确保公众的知情权、参与权和监督权；决策层和管理层应以开放的心态多渠道倾听各种不同意见，并妥善对待和处理利益相关者的各项诉求。

三、核安全文化的持续推进

核安全文化的培育是一个长期过程，应持续不断推进。从业人员要对自身严格要求，养成一丝不苟的良好工作习惯和质疑的工作态度，避免任何自满情绪，树立知责任、负责任的责任意识，形成学法、知法、守法的法治观念，持续提升个人的核安全文化素养。核能与核技术利用单位要做出承诺，构建企业自身的核安全保障机构，将良好核安全文化融入生产和管理的各个环节，做到凡事有章可循，凡事有据可查，凡事有人负责，凡事有人监督；加大培育核安全文化的资源投入力度，定期对本单位的核安全文化培育状况、工作进展及安全绩效进行自评估，保证核安全文化建设在本单位得到有效落实。

核安全监管部门和政府相关部门要加强政策引导、制定鼓励核安全文化培育的相关政策，加大贯彻实施力度；继续秉持“独立、公开、法治、理性、有效”的监管理念和严慎细实的工作作风；坚持科学立法、依法行政，确保政府监管的独立、权威和有效。推行同行评估，鼓励开展核安全文化培育和实践的第三方评估活动，学习借鉴成功经验，及时识别弱项和问题，积极纠正和改进。同时倡导提升核安全文化的良好实践，开展全行业核安全文化经验交流，推广良好实践案例和成功经验，让核安全文化成为所有从业人员的职业信仰。

核安全文化是核能与核技术利用实践经验的总结，是核安全大厦的基石，是社会先进文化的组成部分，必将随着核事业与核安全事业的不断发展进一步得到弘扬、创新和发展，为确保核安全，保障公众健康和环境安全发挥作用。

中国政府将继续深化与世界各国、国际组织在核能包括核安全领域的交流和合作，切实履行已签署的各项核能公约义务，践行核安全多边、双边承诺，与国际社会一道共同预防和化解核安全风险，为提升全球核安全水平作出积极贡献。

2.3 中国核电发展计划

1964 年 10 月 16 日，中国第一颗原子弹成功试爆，1967 年 6 月 17 日，中国第一颗氢弹成功试爆。

从 1970 年初开始，二机部和上海综合多家科研院所和高校，开启了“728 工程”的研究。技术路线上经历了熔盐堆和压水堆两个堆型的选择和研究。十一届三中全会后，“728 工程”迎来了改革开放的春风。1979 年 12 月，邓小平指示“中国大陆的核电站还是要搞得”。1985 年 3 月 20 日，秦山核电站正式开工建设；1991 年 12 月 15 日，首次并网发电，从此结束了中国大陆无核电的历史。

2.3.1 国家发展规划

至今几十年间，中国大陆核电发展处在一个间断上升的状态，核电发展相关内容的描述，在国家五年发展计划纲要中首次出现是在“第十个五年规划纲要”中。有关内陆核电的发展计划最早出现在“第十二个五年规划纲要”中，描述为“重点在东部沿海和中部部分地区发展核电”，国家五年发展规划纲要摘录见表 6。

表 6　国家五年发展规划纲要摘录

序号	纲要名称	涉及年份	核电相关描述
1	中华人民共和国国民经济和社会发展十年规划和第八个五年计划纲要	1991—1995	未提及核电发展相关内容

续表

序号	纲要名称	涉及年份	核电相关描述
2	中华人民共和国国民经济和社会发展第九个五年计划纲要	1996—2000	未提及核电发展相关内容
3	中华人民共和国国民经济和社会发展第十个五年规划纲要	2001—2005	**（1）加快工业改组改造** **支持发展**大型燃气轮机、大型抽水蓄能机组、**核电机组等新型高效发电设备**，超高压直流输变电设备，大型冶金、化肥和石化成套设备，城市轨道交通设备，新型造纸和纺织机械等。 **（2）优化能源结构** **进一步调整电源结构**，充分利用现有发电能力，积极发展水电、坑口大机组火电，压缩小火电，**适度发展核电**，鼓励热电联产和综合利用发电。
4	中华人民共和国国民经济和社会发展第十一个五年规划纲要	2006—2010	**（1）积极推进核电建设** **重点建设百万千瓦级核电厂，逐步实现先进压水堆核电站的设计、制造、建设和运营自主化。加强**核燃料资源勘查、开采、加工工艺改造以及**核电关键技术开发和核电人才培养**。 **（2）大力推进自主创新** **大型先进压水堆及高温气冷堆核电站→开发百万千瓦级大型先进压水堆核电设计技术和20万千瓦级模块式高温气冷堆商业化技术。** **（3）装备制造业振兴的重点** **大型高效清洁发电装备→百万千瓦级核电机组、超超临界火电机组、燃气—蒸汽联合循环机组**、整体煤气化燃气—蒸汽联合循环机组、大型循环流化床锅炉、大型水电机组及抽水蓄能机组、大型空冷机组、大功率风力发电机组等。
5	中华人民共和国国民经济和社会发展第十二个五年规划纲要	2011—2015	**（1）推进能源多元清洁发展** **在确保安全的基础上高效发展核电。** **（2）优化能源开发布局** **统筹规划全国能源开发布局和建设重点**，建设山西、鄂尔多斯盆地、内蒙古东部地区、西南地区和新疆五大国家综合能源基地，**重点在东部沿海和中部部分地区发展核电。**
6	中华人民共和国国民经济和社会发展第十三个五年规划纲要	2016—2020	**（1）培育发展战略性产业** **加强前瞻布局**，在空天海洋、信息网络、生命科学、**核技术**等领域，**培育一批战略性产业**。大力发展新型飞行器及航行器、新一代作业平台和空天一体化观测系统，着力构建量子通信和泛在安全物联网，加快发展合成生物和再生医学技术，**加速开发新一代核电装备和小型核动力系统、民用核分析与成像**，打造未来发展新优势。 **（2）推动能源结构优化升级** **以沿海核电带为重点，安全建设自主核电示范工程和项目。**

续表

序号	纲要名称	涉及年份	核电相关描述
7	中华人民共和国国民经济和社会发展第十四个五年规划和2035年远景目标纲要	2021—2025	**（1）构建现代能源体系** **推进能源革命，建设清洁低碳、安全高效的能源体系，提高能源供给保障能力。**加快发展非化石能源，坚持集中式和分布式并举，大力提升风电、光伏发电规模，加快发展东中部分布式能源，有序发展海上风电，加快西南水电基地建设，**安全稳妥推动沿海核电建设，建设一批多能互补的清洁能源基地，非化石能源占能源消费总量比重提高到20%左右。**

2.3.2 历届政府工作

在国家发展规划的指引下，各届政府结合中国大陆国情，均为中国核电事业的发展做出了积极的努力。秉持“理性、协调、并进”的发展政策，在历年国家政府工作报告中涉及核电的内容如表7所示，每一次核电行业的重大变革均写入了政府工作报告中。

表7 政府工作报告摘录

序号	时间	报告人	《政府工作报告》核电相关描述
1	1992. 03. 20	李鹏	**国民经济和社会事业全面发展。全社会固定资产投资比上年增长百分之十八点六，建成投产大中型基本建设和重要技术改造项目215个，其中包括**年炼铁和炼钢各300万吨的宝钢二期工程、年产各30万吨的扬子和齐鲁乙烯工程、上海南浦大桥、**秦山核电厂**、云南鲁布革水电厂、青海西宁曹家堡机场以及新疆塔里木油田的开发等，当年新增加的主要生产能力有煤炭2 714万吨，石油1 491万吨，发电机组容量1 184万千瓦。
2	1993. 03. 15	李鹏	无
3	1994. 03. 10	李鹏	无
4	1995. 03. 05	李鹏	无
5	1996. 03. 05	李鹏	无
6	1997. 03. 01	李鹏	无
7	1998. 03. 05	李鹏	无
8	1999. 03. 05	李鹏	无
9	2000. 03. 05	朱镕基	无
10	2001. 03. 05	朱镕基	**加强水利、交通、能源等基础设施建设，高度重视资源战略问题。**积极推进大型煤矿改造，建设高产高效矿井，重视洁净煤技术的开发利用。充分利用现有发电能力，积极发展水电、坑口大机组火电，压缩小火电，**适度发展核电**。
11	2002. 03. 05	朱镕基	无

续表

序号	时间	报告人	《政府工作报告》核电相关描述
12	2003.03.05	朱镕基	无
13	2004.03.05	温家宝	无
14	2005.03.05	温家宝	无
15	2006.03.05	温家宝	无
16	2007.03.05	温家宝	**加快经济结构调整。制定了加快振兴装备制造业的政策措施，推进关键领域重大技术装备自主制造。开展百万千瓦级核电机组、**超超临界火电机组、新型船舶等设备自主化工作，启动高档数控机床和重要基础制造装备等**重大专项。这些对增强经济发展后劲将发挥重要作用。**
17	2008.03.05	温家宝	**我们制定和实施一系列产业政策和专项规划，促进产业结构优化升级。基础设施基础产业建设取得长足进展，一批重大工程相继建成或顺利推进。**青藏铁路提前一年建成通车，三峡工程防洪、发电、航运等综合效益全面发挥，西电东送、西气东输全面投产，南水北调工程进展顺利，溪洛渡水电站、**红沿河核电厂**、京沪高速铁路和千万吨级炼油厂、百万吨级乙烯等一批重大项目陆续开工建设，普光气田、南堡油田等勘查开发取得重大进展。五年新增电力装机3.5亿千瓦，是1950年到2002年53年的总和；新增公路19.2万公里，其中高速公路2.8万公里；新增铁路营运里程6 100公里；建成万吨级以上泊位568个；新增电信用户4.94亿户。**这些有效改善了能源交通通信状况，增强了经济社会发展后劲。**
18	2009.03.05	温家宝	**大力推进经济结构调整，提高经济增长质量和效益。大力发展清洁能源，新增发电装机容量**4.45亿千瓦，**其中**水电9601万千瓦、**核电384万千瓦**。
19	2010.03.05	温家宝	无
20	2011.03.05	温家宝	无
21	2012.03.05	温家宝	**推进节能减排和生态环境保护。优化能源结构，推动传统能源清洁高效利用，安全高效发展核电，**积极发展水电，加快页岩气勘察、开发攻关，提高新能源和可再生能源比重。 **深化价格改革。稳妥推进电价改革，**实施居民阶梯电价改革方案，**完善**水电、**核电**及可再生能源**定价机制**。
22	2013.03.05	温家宝	无
23	2014.03.05	李克强	**我们推动开放向深度拓展。**设立中国上海自由贸易试验区，探索准入前国民待遇加负面清单的管理模式。提出建设丝绸之路经济带、21世纪海上丝绸之路的构想。打造中国-东盟自贸区升级版。与瑞士、冰岛签署自由贸易协定。实施稳定外贸增长的政策，改善海关、检验检疫等监管服务。成功应对光伏“双反”等重大贸易摩擦。**推动**高铁、**核电**等**技术装备走出国门**，对外投资大幅增加，出境旅游近亿人次。开放的持续推进，扩大了发展的新空间。 **推动能源生产和消费方式变革。**加大节能减排力度，控制能源消费总量，今年能源消耗强度要降低3.9%以上，二氧化硫、化学需氧量排放量都要减少2%。要提高非化石能源发电比重，发展智能电网和分布式能源，鼓励发展风能、太阳能、生物质能，**开工一批**水电、**核电项目**。

续表

序号	时间	报告人	《政府工作报告》核电相关描述
24	2015.03.05	李克强	**能源生产和消费革命，关乎发展与民生。**要大力发展风电、光伏发电、生物质能，积极发展水电，**安全发展核电**，开发利用页岩气、煤层气。控制能源消费总量，加强工业、交通、建筑等重点领域节能。积极发展循环经济，大力推进工业废物和生活垃圾资源化利用。中国大陆节能环保市场潜力巨大，要把节能环保产业打造成新兴的支柱产业。
25	2016.03.05	李克强	**科技领域一批创新成果达到国际先进水平，第三代核电技术取得重大进展，**国产 C919 大型客机总装下线，屠呦呦获得诺贝尔生理学或医学奖。**对中国大陆发展取得的成就，全国各族人民倍感振奋和自豪！** **坚持以开放促改革促发展。**努力稳定对外贸易，调整出口退税负担机制，清理规范进出口环节收费，提高贸易便利化水平，出口结构发生积极变化。外商投资限制性条目减少一半，95%以上实行备案管理，实际使用外资 1 263 亿美元，增长 5.6%。非金融类对外直接投资 1 180 亿美元，增长 14.7%。推广上海自贸试验区经验，新设广东、天津、福建自贸试验区。人民币加入国际货币基金组织特别提款权货币篮子。亚洲基础设施投资银行正式成立，丝路基金投入运营。签署中韩、中澳自贸协定和中国-东盟自贸区升级议定书。**“一带一路”建设成效显现，国际产能合作步伐加快，高铁、核电等中国装备走出去取得突破性进展。** **发挥有效投资对稳增长调结构的关键作用。**中国大陆基础设施和民生领域有许多短板，产业亟须改造升级，有效投资仍有很大空间。**今年要启动一批“十三五”规划重大项目。**完成铁路投资 8 000 亿元以上、公路投资 1.65 万亿元，再开工 20 项重大水利工程，**建设**水电**核电**、特高压输电、智能电网、油气管网、城市轨道交通等**重大项目**。
26	2017.03.05	李克强	**坚决打好蓝天保卫战。**今年二氧化硫、氮氧化物排放量要分别下降 3%，重点地区细颗粒物（$PM_{2.5}$）浓度明显下降。一要加快解决燃煤污染问题。全面实施散煤综合治理，推进北方地区冬季清洁取暖，完成以电代煤、以气代煤 300 万户以上，全部淘汰地级以上城市建成区燃煤小锅炉。加大燃煤电厂超低排放和节能改造力度，东中部地区要分别于今明两年完成，西部地区于 2020 年完成。抓紧解决机制和技术问题，优先保障清洁能源发电上网，有效缓解弃水、弃风、弃光状况。**安全高效发展核电。**
27	2018.03.05	李克强	**坚持对外开放的基本国策，着力实现合作共赢，开放型经济水平显著提升。**倡导和推动共建“一带一路”倡议，发起创办亚投行，设立丝路基金，一批重大互联互通、经贸合作项目落地。在上海等省市设立 11 个自贸试验区，一批改革试点成果向全国推广。改革出口退税负担机制、退税增量全部由中央财政负担，设立 13 个跨境电商综合试验区，国际贸易“单一窗口”覆盖全国，货物通关时间平均缩短一半，进出口实现回稳向好。外商投资由审批制转向负面清单管理，限制性措施削减三分之二。外商投资结构优化，高技术产业占比提高一倍。加大引智力度，来华工作的外国专家增加 40%。引导对外投资健康发展。**推进国际产能合作**，高铁、**核电等装备走向世界**。
28	2019.03.05	李克强	无
29	2020.03.05	李克强	无
30	2021.03.05	李克强	**扎实做好碳达峰、碳中和各项工作。制定 2030 年前碳排放达峰行动方案。优化产业结构和能源结构。推动煤炭清洁高效利用，大力发展新能源，在确保安全的前提下积极有序发展核电。**

续表

序号	时间	报告人	《政府工作报告》核电相关描述
31	2022. 03. 05	李克强	无
32	2023. 03. 05	李克强	**科技创新成果丰硕。**构建新型举国体制，组建国家实验室，分批推进全国重点实验室重组。**一些关键核心技术攻关取得新突破**，载人航天、探月探火、深海深地探测、超级计算机、卫星导航、量子信息、**核电技术**、大飞机制造、人工智能、生物医药等**领域创新成果不断涌现**。全社会研发经费投入强度从2. 1%提高到2. 5%以上，科技进步贡献率提高到60%以上，创新支撑发展能力不断增强。

在“十三五”规划中，提出“以沿海核电带为重点，安全建设自主核电示范工程和项目”。要求核电运行装机容量达到5 800万千瓦。在“十四五”规划中，提出“安全稳妥推动沿海核电建设”，核电运行装机容量达到7 000万千瓦。从规划上来看，有1 200万千瓦的增长空间。“十三五”期间，核电之所以进度比预期要缓慢，主要是受到了日本福岛核事故的影响。仅开工10台机组，相较于“十二五”大幅度下降。

2021年是“十四五”开局之年，在政府工作报告中提出“在确保安全的前提下积极有序发展核电”。但前提仍然是“第十四个五年规划纲要”中的“安全稳妥推动沿海核电建设”。

2. 3. 3“十四五”现代能源体系规划

2022年3月22日，国家发展改革委，国家能源局发布了《“十四五”现代能源体系规划》。《规划》中涉及核电的内容如下：

发展环境与形势。经过多年发展，世界能源转型已由起步蓄力期转向全面加速期，正在推动全球能源和工业体系加快演变重构。中国大陆能源革命方兴未艾，能源结构持续优化，形成了多轮驱动的供应体系，**核电**和可再生能源**发展处于世界前列**，具备加快能源转型发展的基础和优势；但发展不平衡不充分问题仍然突出，供应链安全和产业链现代化水平有待提升，构建现代能源体系面临新的机遇和挑战。

能源低碳转型进入重要窗口期。“十三五”时期，中国大陆能源结构持续优化，低碳转型成效显著，非化石能源消费比重达到15. 9%，煤炭消费比重下降至56. 8%，常规水电、风电、太阳能发电、**核电装机容量**分别**达到**3. 4亿千瓦、2. 8亿千瓦、2. 5亿千瓦、**0. 5亿千瓦**，非化石能源发电装机容量稳居世界第一。“十四五”时期是为力争在2030年前实现碳达峰、2060年前实现碳中和打好基础的关键时期，必须协同推进能源低碳转型与供给保障，加快能源系统调整以适应新能源大规模发展，推动形成绿色发展方式和生活方式。

现代能源产业进入创新升级期。能源科技创新能力显著提升，产业发展能力持续增强，新能源和电力装备制造能力全球领先，低风速风力发电技术、光伏电池转换效率等不断取得新突破，**全面掌握三代核电技术**，煤制油气、中俄东线天然气管道、±500千伏柔性直流电网、±1 100 千伏直流输电等重大项目投产，超大规模电网运行控制实践经验不断丰富，总体看，中国大陆能源技术装备形成了一定优势。围绕做好碳达峰、碳中和工作，能源系统面临全新变革需要，迫切要求进一步增强科技创新引领和战略支撑作用，全面提高能源产业基础高级化和产业链现代化水平。

维护能源基础设施安全。加强重要能源设施安全防护和保护，完善联防联控机制，重点确保核电厂、水电站、枢纽变电站、重要换流站、重要输电通道、大型能源化工项目等设施安全，加强油气管道保护。

全面加强核电安全管理，实行最严格的安全标准和最严格的监管，始终把“安全第一、质量第一”的方针贯穿于核电建设、运行、退役的各个环节，将全链条安全责任落实到人，持续提升在运在建机组安全水平，确保万无一失。继续通过中央预算内投资专项支持煤矿安全改造，提升煤矿安全保障能力。

积极安全有序发展核电。在确保安全的前提下，积极有序推动沿海核电项目建设，保持平稳建设节奏，合理布局新增沿海核电项目。开展核能综合利用示范，积极推动高温气冷堆、快堆、模块化小型堆、海上浮动堆等先进堆型示范工程，推动核能在清洁供暖、工业供热、海水淡化等领域的综合利用。切实做好核电厂址资源保护。到 2025 年，核电运行装机容量达到 7 000 万千瓦左右。

提升东部和中部地区能源清洁低碳发展水平。以京津冀及周边地区、长三角、粤港澳大湾区等为重点，充分发挥区域比较优势，加快调整能源结构，开展能源生产消费绿色转型示范。安全有序推动沿海地区核电项目建设，统筹推动海上风电规模化开发，积极发展风能、太阳能、生物质能、地热能等新能源。大力发展源网荷储一体化。加强电力、天然气等清洁能源供应保障，稳步扩大区外输入规模。严格控制大气污染防治重点区域煤炭消费，在严控炼油产能规模基础上优化产能结构。“十四五”期间，东部和中部地区新增非化石能源年生产能力 1.5 亿吨标准煤以上。

锻造能源创新优势长板。巩固非化石能源领域技术装备优势，持续提升风电、太阳能发电、生物质能、地热能、海洋能等开发利用的技术水平和经济性，**开展三代核电技术优化研究**，加强高比例可再生能源系统技术创新和应用。立足绿色低碳技术发展基础和优势，加快推动新型电力系统、新一代先进核能等方面技术突破。提高化石能源清洁高效利用技术水平，加强煤炭智能绿色开采、灵活高效燃煤发电、现代煤化工和生态环境保护技术研究，实施陆上常规油气高效勘探开发和炼化技术攻关。

深化价格形成机制市场化改革。进一步完善省级电网、区域电网、跨省跨区专项工程、增量配电网价格形成机制，加快理顺输配电价结构。**持续深化**燃煤发电、燃气发电、水电、**核电等上网电价市场化改革**，完善风电、光伏发电、抽水蓄能价格形成机制，建立新型储能价格机制。建立健全电网企业代理购电机制，有序推动工商业用户直接参与电力市场，完善居民阶梯电价制度。研究完善成品油价格形成机制。稳步推进天然气价格市场化改革，减少配气层级。落实清洁取暖电价、气价、热价等政策。

推进能源变革与低碳合作。建设绿色丝绸之路，深化与发展中国家绿色产能合作，积极推动风电、太阳能发电、储能、智慧电网等领域合作。与周边国家和地区在电网互联及升级改造方面加强合作。**推动核电国际合作**。大力支持发展中国家能源绿色低碳发展，不再新建境外煤电项目。积极探索与发达国家、东道国和跨国公司开展三方、多方合作的有效途径，建成一批经济效益好、示范效应强的绿色能源最佳实践项目。

加强科技创新合作。加强与有关国家在先进能源技术和解决方案等方面的务实合作，重点在高效低成本新能源发电、**先进核电**、氢能、储能、节能、二氧化碳捕集利用与封存等**先进技术领域开展合作**。积极参与能源国际标准制定，加快中国大陆能源技术、标准的国际融合。

2.3.4 中国共产党第二十次全国代表大会

2022年10月16日上午，中国共产党第二十次全国代表大会在人民大会堂开幕。习近平代表第十九届中央委员会向大会作了题为**《高举中国特色社会主义伟大旗帜 为全面建设社会主义现代化国家而团结奋斗》**的报告。首次将“积极安全有序发展核电”写入了二十大报告中。二十大报告中涉及核电的内容如下：

我们提出并贯彻新发展理念，着力推进高质量发展，推动构建新发展格局，实施供给侧结构性改革，制定一系列具有全局性意义的区域重大战略，中国大陆经济实力实现历史性跃升。……基础研究和原始创新不断加强，一些关键核心技术实现突破，战略性新兴产业发展壮大，载人航天、探月探火、深海深地探测、超级计算机、卫星导航、量子信息、**核电技术**、新能源技术、大飞机制造、生物医药等取得重大成果，进入创新型国家行列。

积极稳妥推进碳达峰碳中和。……深入推进能源革命，加强煤炭清洁高效利用，加大油气资源勘探开发和增储上产力度，加快规划建设新型能源体系，统筹水电开发和生态保护，**积极安全有序发展核电**，加强能源产供储销体系建设，确保能源安全。完善碳排放统计核算制度，健全碳排放权市场交易制度。提升生态系统碳汇能力。积极参与应对气候变化全球治理。

第三章　发展内陆核电所面临的特殊挑战

建设核电厂的条件非常严格，中国大陆从20世纪80年代开始建设核电，已经逐步建立了一套完整的核电厂选址、设计、建造、运行和退役的核安全法规、标准体系，明确规定了核电厂选址时必须充分考虑的问题，如地震地质、水文气象、水资源、人口分布、环境功能等各种自然环境以及人文条件，保守且充分地考虑可能出现的极端事件，以确保核安全和环境安全。

我国与核电厂厂址选择相关导则目前共15个，可以看出导则中并未将内陆核电厂与滨海核电厂进行专门的区分；而从核电技术的角度看，内陆核电厂与滨海核电厂也并没有特殊区别。但是，内陆地区与滨海地区截然不同的地理特征和更具变化的自然和人文环境，导致在内陆发展核电时，在水资源、环境风险、公众接受度及核应急准备与响应等方面需要考虑一些特殊的问题。这些问题也引起了各方面专家和社会公众对内陆核电厂建设的安全和环境影响的关注与讨论。

中国核电厂厂址选择相关导则如下：

HAF 101 核电厂厂址选择安全规定；

HAD 101/01 核电厂厂址选择中的地震问题；

HAD 102/02 核电厂的抗震设计与鉴定；

HAD 101/02 核电厂厂址选择的大气弥散问题；

HAD 101/03 核电厂厂址选择及评价的人口分布问题；

HAD 101/04 核电厂厂址选择的外部人为事件；

HAD 101/05 核电厂厂址选择中的放射性物质水力弥散问题 ；

HAD 101/06 核电厂厂址选择与水文地质的关系；

HAD 101/12 核电厂的地基安全问题；

HAD 101/07 核电厂厂址查勘 ；

HAD 101/08 滨河核电厂厂址设计基准洪水的确定 ；

HAD 101/09 滨海核电厂厂址设计基准洪水的确定；

HAD 101/10 核电厂厂址选择的极端气象事件；

HAD 101/11 核电厂设计基准热带气旋；

HAD 101/12 核电厂的地基安全问题。

3.1 水资源承载能力挑战

水资源条件是决定内陆核电厂选址的关键性因素之一。内陆地区可用水资源仅有地上径流、湖泊及地下水，水量明显低于沿海、滨海核电厂址。全球内陆核电厂通常抽取紧邻河流、湖泊中的淡水进行使用，而很多水源地同时也是重要的农业、工业及生活水源，因此水资源是否充足是在内陆地区能否建设核电机组需要考虑的首要因素，会对核电厂所在地的社会、经济发展产生较大影响；其次水源能否在核电厂运行寿期内可靠供给，对于核电机组安全稳定、经济运行也会直接造成影响。

核电厂土建期间取用水需求并不是很大，耗水与其他大型基建工程相比并无特别之处，一般来说不会超过 0.1 m^3/s，因此土建期取用水量不会成为核电厂建设的主要约束条件。

二代、三代技术核电机组在运行期间的耗水量较大，这是需要主要考虑的。按照水的用途分类，主要包括循环冷却水、重要厂用水、常规设备冷却用工业水、厂用生活水、生产除盐水耗水等，其中循环冷却水耗水约占全厂耗水量的 75%。

循环冷却水是核电厂二回路热阱，用于维持凝汽器真空，导出反应堆产生的多余热量并向环境排放，是维持核电机组正常发电运行和事故工况安全的重要冷源。由于核电机组蒸汽参数、热效率较低，排汽量较大，需要的循环冷却水量约为同容量火电厂的 1.1~1.4 倍。循环冷却水系统有直流循环冷却和自然通风冷却塔两种形式，后者较前者从环境中取水总量可减少约 95%。根据相关设计资料显示，建设一个四台 AP1000 机组的内陆核电厂（额定装机 500 万 kW），如果采用自然通风冷却塔形式，年用水量约为 1.2 亿~1.6 亿 m^3，其中由于冷却塔蒸发、飘滴损失造成的耗水量约在 0.9 亿~1.3 亿 m^3。因此与滨海核电厂一般采用直流循环冷却形式不同，内陆核电厂需要采取自然通风冷却塔冷却方式，以避免对水资源和水环境的破坏或减少对水资源和水环境的影响。

从厂址条件和经济性考虑，核电机组多进行群堆建设。一个常见的 4 机组规模百万千瓦级核电厂，其对水资源的总耗水量相当于一座 500 万人口城市的年耗水量，因此对水资源的供给有着更为苛刻的要求。中国内陆大多数地区具有城镇密集、人口密度大、工厂分布集中等特点。建设内陆核电厂势必会加大当地水资源的供需矛盾，必须着重进行考虑。

对此，一方面是将内陆核电厂选址在水量充沛的大河、大湖附近；另一方面是采用进一步降低核电厂的用水量和耗水量的水冷方案，如采用闭式循环冷却（湿式或干式冷却塔）、增设厂内专用储水构筑物、中水循环再利用技术等。这方面美国、法国等核电发达国家以及中国大陆部分先进火电企业都具有非常成熟的工程设计和运行经验可以进行参考。AP1000 核电机组运行期间用水如表 8 所示。

表 8 AP1000 核电机组运行期间用水一览

序号	项目	冷季/（$m^3 \cdot h^{-1}$）		热季/（$m^3 \cdot h^{-1}$）		最高日耗水量/（$m^3 \cdot h^{-1}$）
		用水量	耗水量	用水量	耗水量	
1	常规岛循环水	219 986	6 680	328 337	7 729	8 306
2	重要厂用水	5 020	116	5 020	116	116
3	除盐水	146	146	146	146	146
4	电厂工业用水	472	76	472	76	76
5	生活杂用水	99	59	99	59	59
6	其他用水	2 057	1 827	2 057	1 827	1 827
7	合计	227 770	8 904	336 121	9 953	10 530

内陆核电厂对厂址区域水资源承载能力的另一项重要考虑是必须在核电厂运行寿期内可靠供给。

循环冷却水量不足会导致凝汽器真空情况恶化，反应堆正常运行的释热不能向环境排放而被迫停机停堆。虽然停堆后反应堆余热还可通过大气排放阀导出，但这种工况对于机组安全十分不利，电厂需要进入事故响应流程加以应对。实际上循环冷却水不足导致电厂被迫停堆的情况，近年来在中国大陆多个滨海核电厂已多次出现，如红沿河核电厂 2 号机组因大量水母涌入循环水过滤系统取水口导致自动停堆、2015 年 8 月 7 日，宁德核电厂 3 号机组由于大量海生物涌入取水口循环水泵自动跳闸导致反应堆紧急停堆。

如果说循环冷却水决定了核电机组的经济运行，重要厂用水则决定了核电机组的安全。重要厂用水作为核电厂冷却系统的一部分，在设计上是核安全相关系统设备的最终热阱，属于核安全相关系统，主要用于载出反应堆余热、乏燃料余热及核岛重要设备载热。核安全导则（HAD 102/09）规定，核电厂重要厂用水水源设计标准确定如下：

1）保证反应堆在任何条件下均能连续 30 天维持安全停堆所需水量；

2）正常用水水源设计保证率 97%。

国际及国内政府监管部门就核电厂冷源安全的要求，对于沿海核电厂和内陆核电厂是一致的，与滨海核电厂具有近乎永远取之不尽的海水资源不同，内陆地区常常存在明显的季节性枯水期以及周期性干旱，极端干旱气候对内陆核电厂往往造成更为严重的威胁。2007 年在美国东南部地区，几座核电厂由于河流低水位不得不将功率降至 50%。

2011 年 1—5 月，长江中下游地区降水异常偏少，湖北、湖南、江西、安徽等省相继出现了较为严重的旱情，鄱阳湖流域主要江河水位持续偏低，赣江、修河和抚河先后出现历史最低水位。中国大陆大部分地区降雨量年内和年际变化均较大，水资源供需矛盾突出，径流量的年际变化存在明显的连续丰水年和连续枯水年。因此必须充分考虑特枯时期水量和水资源调度条件，如何保障内陆核电的取水水源的可靠性，满足核电厂用水安全需求，成为内陆核电选址和运行安全的主要问题之一。

3.2 环境风险挑战

中国大陆核电主管部门、地方政府和公众都非常关注内陆核电厂对环境安全带来的风险，特别是核电厂放射性液态、气态流出物以及非核废水的排放对具有饮用或灌溉等功能的内陆水源可能带来的影响。

3.2.1 液态流出物排放

处理后符合国家放射性污染防治标准的核电厂废水称为“液态流出物”，液态流出物排放一直是核电厂放射性废物管理、辐射环境影响评价和水资源论证中关注的重点。

核电厂液态流出物中的放射性核素通常可划分为氚、碳-14 和除此外其他放射性核素三类。根据《核动力厂环境辐射防护规定》（GB 6249—2011）相关要求，滨海厂址的液态流出物除氚和碳-14 外，其他放射性核素浓度不应超过 1 000 Bq/L，对于内陆厂址则不应超过 100 Bq/L。《核电厂放射性液态流出物排放技术要求》（GB 14587—2011）在《核动力厂环境辐射防护规定》（GB 6249—2011）的基础上对濒河、滨湖或濒水库厂址则进一步规定了核电厂排放口下游 1 km 处受纳水体中总 β 放射性浓度不得超过 1 Bq/L，氚浓度不得超过 100 Bq/L。

内陆核电厂和滨海核电厂在液态流出物排放要求上的区别主要集中在排放浓度方面，例如“华龙一号”首堆福清核电厂 5 号、6 号机组液态流出物控制值控制为 900 Bq/L，这满足了滨海厂址对液态流出物放射性活度浓度要求，但显然不适用于内陆厂址。因此内陆核电厂对于液态流出物排放前吸附和净化放射性核素有着更高的要求，需要采取一定的设计改进。与滨海核电厂具有很大的稀释水体和很好的扩散条件不同，在中国内陆地区受纳水体流量有限、季节性变化大，这给液态流出物的排放带来挑战。AP1000 机组每台正常运行排放的低放废液约 13 000 m^3/年，典型 4 机组厂址年排放量约为 52 000 m^3，如果按连续排放来计算则排放流量约 0.1 m^3/s，在核电厂总排水量中所占比重很小。因此，只要选址所在河流、湖泊具有可靠且足够的径流水量（一定时段内通过河流某一断面的水量），一般就能够满足核电厂液态流出物的排放浓度要求。

一项对国内拟建 4 台 AP1000 机组的典型内陆滨湖核电厂址水体环境影响分析表明，在取频率为 97%的枯水条件下，4 台机组运行的放射性流出物（除氚外）排放口下游 1 km 处放射性浓度贡献约为 1.89×10^{-2} Bq/L，低于国家标准《核动力厂环境辐射防护规定》（GB 6249—2011）的指导值 1 Bq/L，放射性流出物（除氚外）排放对受纳水体水质的影响有限。但需要特别关注的是，核电厂主要的液态流出物就是氚，其排放量远远大于非氚液态流出物。对该典型内陆滨湖核电厂址的分析中，氚的排放超过标准规定的 100 Bq/L；另一项对某内陆“华龙一号”核电厂址的研究发现，如沿用滨海“华龙一号”设计，则该厂址环境受纳水体条件虽然能够满足两台机组的氚排放，但不能满足四台机组的氚排放。为此，需要专门研发适合内陆三代压水堆核电机组的氚排放控制方案，积累工程实践并完善法规标准的支撑。

内陆核电厂址较滨海厂址通常受纳水体条件不是很理想，对于厂址所在的湖泊、水库区域，还存在较为明显的核素沉积问题，相关资料表明，通过对 4 机组 AP1000 内陆滨湖厂址的计算，得出核素在水库底泥中的平均沉积量为 2.61×10^{3} Bq/m^{2}，在岸边的沉积量为 6.01×10^{2} Bq/m^{2}，其中核素^{106}Ru、^{137}Cs 的沉积量较大。因此放射性核素在岸边和水库底泥的沉积量也应纳入内陆核电厂周边放射性环境定期监测。

3.2.2 气载流出物排放

气载流出物随风输送，使污染物的散布范围不仅仅局限于排放源附近，大气边界层中的湍流运动，使污染物在随风输送的同时进行扩散。中国内陆拟选厂址中，有相当一部分厂址年均风速较低、静风频率较高，且一般处于丘陵河谷复杂地形和复杂气象条件下（如湖南桃花江、湖北咸宁）。内陆核电厂址，特别是北方内陆核电厂址的大气扩散条件常显示出明显的季节性（见图 18）。

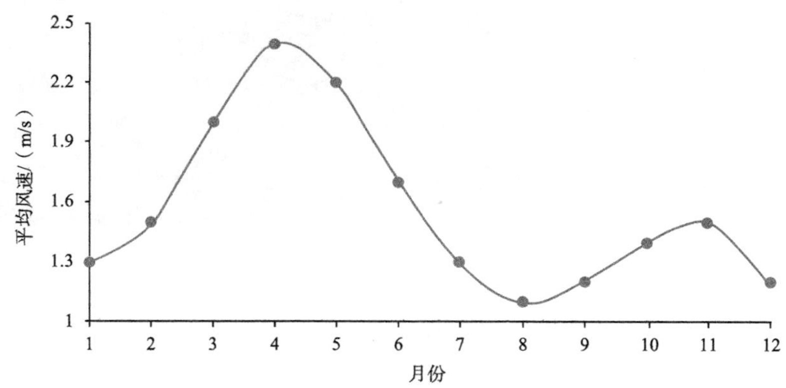

图 18　河北北部某厂址累年各月平均风速

因此，内陆核电厂址在考虑设置非居住区、限制发展区的同时，应增加先进净化工艺、适当增加排放罐槽的贮存能力。需重点考虑核电厂气体废物系统在控制废气向大气排放方面的技术措施的适宜性分析，通过测算出实时的大气扩散因子数据，结合人口分布、农作物生长、养殖等数据，制定合理且灵活的排放方案，例如可考虑在大气扩散条件好时适当多排，大气扩散条件差时适当少排。

3.2.3 其他废物排放

由于内陆厂址较沿海厂址受纳水体容量有限、扩散条件较差，如同常规电厂一样，内陆厂址同样需要考虑液态流出物中非放射性物质排放特点，这方面也有别于滨海核电厂。

例如，目前滨海核电厂对于液态流出物中的硼不进行监测，参考“华龙”核电机组运行数据，各类废水中硼浓度在 $0\sim2\ 500\times10^{-6}$ 之间，平均值在 $500\times10^{-6}\sim1\ 000\times10^{-6}$ 之间。在辽宁省的污水综合排放标准中，要求硼浓度小于 2×10^{-6}，内陆核电厂如果采用相同标准，则废液排放前需要对硼进行专门处理，使处理后的液态流出物中硼的浓度降低至 2×10^{-6} 以下。

3.2.4 温排水效应

核电厂发电余热较大，考虑到内陆水体的环境容量和生态敏感性，发电余热直接排入所在河流、湖泊可能会对附近生态造成不同程度的影响。为此有部分核电厂专门建有冷却池，比如美国伊利诺伊州的 Lasalle 核电厂除采用冷却塔进行冷却外还拥有一座占地 8.33 km^2 的人造冷却池（见图 19）。

图 19　Lasalle 核电厂

中国内陆核电厂发电余热均拟采用自然通风冷却塔的二次循环冷却方式，冷却塔将热量从水相转移到蒸汽中释放，以空气蒸发、水滴等形式进入大气，与直流冷却方式相比，冷却塔向受纳水体排水总量和排放热量约减少 95%，根据 3 个拟建内陆核电厂冷却方式及相关分析，这种排热方式向受纳水体排放的热量基本不会对受纳水体的水质和生态环境造成不利影响。

3.2.5 排放的季节性问题

以液态流出物排放为例，中国大陆滨海核电厂均采用按需间断排放方式，在时间“年”的尺度上，在不同的季节并无区别。而对于内陆核电厂来说，如何排放更有利于核素在水体中的弥散，这是一个很重要的课题。

中国内陆拟选核电厂址主要集中在长江流域沿岸省份，河流径流量随季节变化明显，如桃花江核电厂的受纳水体资水的径流量月度变化规律（如图 20 所示），5—7 月径流量最大，平均值约为径流量最小的 10—1 月的 3~4 倍。

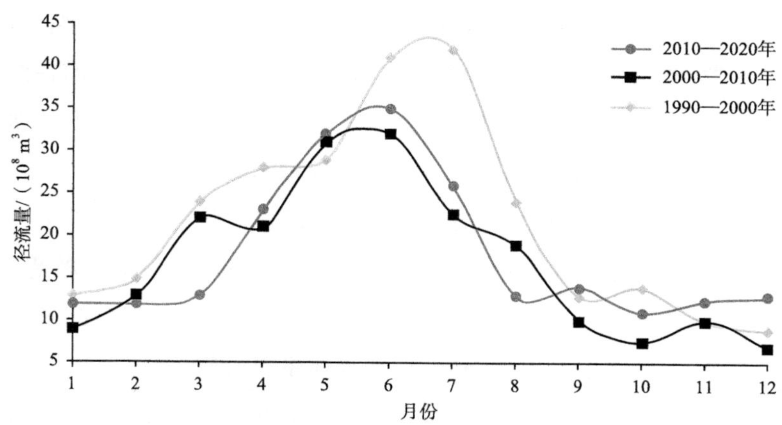

图 20 湖南益阳资水桃江站径流量年内分配特征

内陆核电厂液态流出物排放必须根据河流径流量的季节性变化来优化排放方式，否则对于来流较小且年内各月来流不均的河道，存在导致枯水期流出物排放意外超标的风险。对于内陆核电厂址这一特征，理想的排放模式应根据环境水体不同时间段内的稀释能力确定，即在丰水期集中多排放一些，而枯水季节少排或不排，按环境来水流量分配各月液态流出物排放量，如此则更加有利于废水的稀释扩散。

为实现这一目的，一方面内陆核电厂设计上需要设置较大的存储废液的容器。另一方面，根据《核动力厂环境辐射防护规定》（GB 6249—2011）相关规定："核动力厂的年排放总量应按季度和月控制，每个季度的排放总量不应超过所批准的年排放总量的 1/2，每个月的排放总量不应超过所批准的年排放总量的 1/5"。这一规定对于内陆核电厂需要按环境来水流量分配各月液态流出物排放量是有压力的，需做出相应的调整。

3.3 公众接受度挑战

公众接受度，指社会公众基于自身的道德观与价值观，以及对接触对象的心理认知，所产生的不同等级的认可水平与接受态度。在核电领域，大多数学者将公众接受度定义为公众赞同核电厂建设和核能发电的态度；也有学者将其定义为公众对核电发展的接受程度，涉及技术、社会、心理、公共管理等多个领域。

2011 年日本福岛核事故发生之后，世界各国公众对核电厂可能引发的环境风险更为敏感，对于核电的安全运行表示了极大的担忧与不信任。奥地利等国家纷纷坚定了反核主张，德国、瑞士宣布了"弃核"计划，意大利政府关于重启核电的方案在全民公投中被否决，全球的核电发展都跌入低谷。在这种形势下，中国大陆公众对内陆核电的担忧进一步加大，何时启动首个内陆核电项目至今还在争议中。

得不到公众支持的内陆核电不可能得到积极发展，美国麻省理工学院和哈佛大学将公众态度与核安全、经济性、燃料循环与核扩散等并列为影响核电未来的主要因素之一。中国大陆滨海核电厂已发展30余年，滨海地区公众对核电相对熟悉，因此目前在滨海核电厂建设上尚未出现公众沟通相关的颠覆性问题。但是对于在内陆地区建设核电厂，如何消除公众的陌生感与恐惧感，并获得支持态度仍是个有待深入探索的关键问题。

目前，中国大陆公众对内陆核电厂安全运行以及环境风险的担忧与争议主要有三个方面原因：一是由于历史上三大核事故对环境的巨大影响给公众留下了“核恐惧”心理阴影；二是由于公众对核能技术缺乏了解而将之“神秘化”；三是由于邻避问题、公众参与度不够、政府核电发展的宣传方式及相应的核法律法规体系有待健全。

内陆核电厂一般较滨海地区人口密度大，发生放射性失控释放事故时产生的后果会更加严重。因此为消除公众内心的“核恐惧”，最首要的就是要有足够可靠的核电技术。目前“华龙一号”、AP1000等先进第三代核电技术的堆芯熔毁概率均低于10^{-6}/堆·年，并采用能动与非能动结合的安全系统，将放射性核素置于多道屏障的防护之下；而如高温气冷堆等第四代先进堆型，则从设计上彻底消除了堆芯熔毁可能，实现了固有安全性。这些先进核电技术在水资源安全、核辐射防护及公众环境安全方面完全适应内陆核电发展的安全需要，是解开公众“心结”的基础要素。

公众在缺乏核知识认知的情况下难免会产生对内陆核电建设安全性的担忧。由于核电科普及公众宣传工作的深度和广度不够，公众深入了解最新核电技术的途径不多，尤其是在我国尚无内陆核电厂示范的情况下，我国公众对内陆核电普遍抱有神秘感和担忧。有社会调查表明，在所有受调查者中，有将近一半平时并不怎么关注内陆核电的发展、超过70%认为核电厂存在核废物污染问题、近60%担心内陆核电技术不成熟容易发生泄漏、27%的调查者担心内陆水资源匮乏存在安全隐患。公众对核技术的陌生一定程度上也形成了“政府推进，公众敏感，专家清楚，公众糊涂”的局面。

在内陆核电建设的必要性方面，社会调查显示75%的受调查者认为发展内陆核电是有必要的。这表明我国公众已经对建设内陆核电站带来的种种益处有了基本的判断。但是，虽然项目周边居民大多并不否定内陆核电项目建设的意义，却往往因担心身体健康、财产安全以及居住环境受损而产生强烈的抵触情绪，呈现出“不要建在我家后院”的邻避问题。此时如果当地政府和核电企业不能及时疏导公众情绪、妥善处理公众正当诉求并有效缓解邻避现象，就很容易导致邻避现象升级为邻避冲突，进而引发公共危机。

历史曾发生过真实案例，中国大陆某处于两省边界处的内陆核电厂址，厂址条件优越，开发该厂址已投入数十亿的巨大财力，但是邻省的公众却悄然升起了“舆论阻击战”，要求停建项目；反对的理由是该项目的前期调研工作存在严重问题，具体包括项目规划限制区内的人口数据失真、核电厂厂址地震标准不符、核电厂邻近工业集中区、项目建设民意调查走样，核电厂建成后将存在污染及安全隐患等。

目前我国内陆地区公众对内陆核电的了解度和心理认知仍不充分，大部分公众对于内陆核电仍然存有核辐射、水资源受到污染、内陆核电技术不成熟等方面的担忧。随着我国和谐社会的不断推进以及社会透明度、开放度的不断提升，我国内陆核电建设过程中公众接受程度问题对政府决策有着深刻影响。政府和核电企业在加强公众参与和沟通方面需要做到增强公众参与意识、建立完善的易于公众接受的宣传机制、针对不同公众群体展开不同的知识宣传与教育活动等。针对公众对内陆核电的担忧所在，核电企业要有针对性地将第三代、第四代先进核电技术特点，以及内陆核电放射性流物的“近零排放”措施主动向公众公开。政府环境保护部门也必须健全核安全法律法规体系，加强对核安全文化建设的推动力度，并在内陆核电规划选址建设过程加强核安全监管，尤其要对关键技术环节、程序、质量等做好监督，提升公众对内陆核电安全运行的信心。

3.4 核应急计划制定挑战

核应急的行动过程包含核应急准备与核应急响应两个阶段。核应急准备是为应对核事故或辐射应急而进行的准备工作，应急准备活动贯穿于核设施的选址、设计、运行直到退役的全过程。

在核电厂址选择阶段，需要确认拟选厂址从核应急准备和响应的角度考虑是可以接受的，具备整个预计寿期内应急计划是可以执行的厂址条件。比如不能有在预计烟羽应急计划区有大城市或其他届时无法动员撤离的人群。在核电设计建造阶段，需要确认在核事故应急准备方面安排的可接受性，并按照设计要求建设，做好核应急准备。比如应急指挥中心要满足可居留性和抗震的设计要求；装料前做好应急预案报批工作。在核电运行阶段，需要确认应急准备与审批的应急预案相符，应急准备充分、有效，包括应急组织、人员数量技能、文件体系、设施设备、培训演习等。

在应急准备阶段，核应急应首先成立应急组织，同时制订应急计划，为核应急工作提供组织保障与行动指南，确保应急响应的顺利实施为了保证核应急能力的适应性，同时需要对应急计划按流程进行审查并根据核设施的状态变化进行不断的修订。

核应急响应则是为控制或减轻核事故或辐射后果，按照核应急计划采取的紧急行动。为了更好地了解核事故状态及其后果的严重程度，首先需要对核设施工况参数以及事故区域的辐射水平气象条件、地理环境和社会舆情等信息进行监测，并在此基础上开展事故后果评价，包括对核事故环境与社会影响的评价。其次根据评价结果，按照法律法规以及应急计划的要求与方案开展相应的应急防护与救援行动。同时还要保持各级应急组织和各行动参与方之间的信息畅通，进行响应的通知报告。为了稳定社会舆论，更为重要的是保证场外应急工作的顺利开展，需要及时向社会公众通报应急行动的进展及注意事项，开展有效的公众沟通。

中国大陆人口密度总体偏高，无论在内陆还是滨海核电厂选址时都应该关注。与滨海核电厂相比，内陆核电厂址由于周围水域面积较少，一定范围内的人口数和人口密度可能会更高。对内陆核电厂，如何控制厂址区域人口以利于应急计划的实施是一个重要关注点；在制定应急计划时对厂址区域人口众多的特点也要深入分析，尤其是对场外应急计划实施时人员的撤离可能构成的严峻挑战。

同时，滨海核电厂址周围的大气弥散条件好，其非居住区半径可小至 500 m。而内陆核电厂址的大气扩散条件较差，某些厂址的非居住区半径可大至几千米。制定和实施应急计划时，必须考虑周围的人口多为 360°环绕分布的特点，充分分析复杂的内陆核电厂址居民分布以及交通、通讯、气象等特殊条件，充分考虑应急撤离路线和应急组织的有效性。

内陆核电厂一旦发生严重事故，放射性液态流出物会顺江而下，且很难在短时间内被有效稀释。内陆核电厂及下游主要城镇还需要制定事故条件下的水资源安全应急预案和处置程序，确保核电厂运行期间和事故工况的水资源安全。

此外，内陆核电厂需要对可能出现的极端异常环境条件进行充分的风险评估，诸如连续枯水状态、超预期降雨、洪水、溃坝等外部自然条件的异常变化均可能导致核电厂在较短时间内进入核应急，需要预先考虑不同于滨海核电厂的应急对策。

总之，内陆核电厂核应急计划的制定需要考虑相较滨海厂址更加严格的人口和自然环境条件，特别是由于我国内陆地区人文、地理、气候等相较世界上其他内陆核电大国更为复杂，使我国内陆核电厂核应急计划的制定需要考虑的困难因素也相对更多。在目前我国尚无大型商用内陆核电厂核应急计划的制定经验的情况下，有关方案、适用标准和法规等方面还需进一步开展研究探索，并严谨分析和论证。

第四章　国内外核设施核应急计划区的确定标准

4.1　核应急简介

核设施发生事故时，不同于其他紧急事故情况，可能会导致放射性物质不可接受的释放，造成环境大范围的放射性污染。

1979 年 3 月，位于美国宾夕法尼亚州首府哈里斯堡东南 16 km 处的三哩岛核电厂 2 号反应堆发生了堆芯熔毁和放射性物质不受控排放事故，事故后安全壳内最大剂量率为 8 000~10 000 rem/h，安全壳外为几十 mrem/h，离厂 8 km 处最大剂量率为 1~3 mrem/h。核电厂 80 km 范围内的 200 万居民平均受照射量为 1 mrem。若有人在事故过程中始终停留在厂区边缘最大剂量照射点，其所受的剂量不到 100 mrem，相当于 2~3 次 X 射线医疗照射。

三哩岛核事故暴露了各级政府机构响应迟缓、管理混乱和权责不明等问题，1979 年 12 月卡特总统根据总统委员会的建议，要求改进场外应急计划制定工作，他批准联邦应急管理机构（FEMA）监督这一过程，FEMA、NRC（核管会）和 EPA（环境保护局）认可了 NRC 和 EPA 特别工作组建议的制定应急计划方面的基础性文件，后来形成了法规性文件。1980 年 8 月后开始制定新的场区-场外应急计划。促使美国在世界范围内最先建立了系统的核应急行动水平制定方法，并陆续制定了一系列的核应急法律法规。从 1997 年起至 2011 年，IAEA 在美国法规的基础上，相继制定了《核事故中决定防护措施的通用程序》《核与辐射紧急情况的应急准备和响应》《核与辐射应急的准备与安排》和《核与辐射应急准备和响应准则》等一系列核应急相关的准则与技术文件，对核应急准备和响应过程中的概念、活动的实施进行了逐步的完善（见图 21）。

2013 年后，根据福岛核事故的经验和总结，国际原子能机构（IAEA）修订了《核与辐射紧急情况的应急准备和响应》，补充了国际区域或全球协同核应急问题，并更加明确了核应急相关的概念，在附录中增加了紧急防护行动中通用的各类剂量限制标准表，供各国使用。

1942年，建设第一反应堆，20世纪60年代中期，美国核电厂如雨后春笋般发展起来。
谨慎（防止核反应失控、初期纵深防御、远距离厂址、安全壳、可信事故、安全审查）。

初期

1971年，美国联邦法规10CFR50 APPENDIX A颁布，确立了58个通用设计准则，确定论基本要求形成。
认为堆芯融化的事故已经不可信。

20世纪70年代初到三哩岛事故前

1979年3月28日，美国三哩岛核电厂反应堆一阀门故障致堆芯过热，操纵员操作失误，堆芯丧失冷却水，堆芯局部融毁。
堆芯融化事故是不能发生的观念受到严重冲击。

三哩岛事故发生后

1986年4月26日，苏联切尔诺贝利核电厂4号机组操作员在试验过程中关闭反应堆安全系统，导致过热，堆芯完全融毁，产生爆炸起火。
明确提出“安全文化”概念；签署《及早通报核事故公约》《核事故或辐射紧急情况援助公约》《核安全公约》。

切尔诺贝利核事故后

2011年3月11日，日本东北外海，发生地震引起海啸。海水倾入福岛第一核电厂。电厂失去了供电，反应堆余热未能及时排出，反应堆内温度上升，锆水反应生成的氢气聚集，1号/3号/4号反应堆厂房先后发生了爆炸。3座反应堆融毁，3座反应堆厂房受损，约18万居民大撤离。大量放射性物质释放到环境中。
在贯彻纵深防御过程中没有充分注意“安全措施的均衡性”，应急响应能力严重不足。

福岛核事故后

图 21　核应急理念的演变

核应急的行动过程包含核应急准备与核应急响应两个阶段：

1）核应急准备是为应对核事故或辐射应急而进行的准备工作，应急准备活动贯穿于核设施的选址、设计、运行直到退役的全过程。在应急准备阶段，核应急应首先成立应急组织，同时制订应急计划，为核应急工作提供组织保障与行动指南，确保应急响应的顺利实施。为了保证核应急能力的适应性，需要对应急计划按流程进行审查并根据核设施的状态变化进行不断的修订。为确保核应急工作开展的可操作性，需要提前准备应急设施、设备与物资，并对这些设施物资进行日常维护。为保证应急工作实施的协调性，建立一套统一及共享的信息系统也是非常必要的，同时应建立对公众和核设施营运人员的应急培训和具有实效的定期演习体制，进行人员培训与演习。

2）核应急响应是为控制或减轻核事故或辐射后果而采取的紧急行动。为了更好地了解核事故状态及其后果的严重程度，首先需要对核设施工况参数以及事故区域的辐射水平、气象条件、地理环境和社会舆情等信息进行监测，并在此基础上开展事故后果评价，包括对核事故环境与社会影响的评价。其次根据评价结果，按照法律法规以及应急计划的要求与方案开展相应的应急防护与救援行动。同时还要保持各级应急组织和各行动参与方之间的信息畅通，进行响应的通知报告。为了稳定社会舆论，更为重要的是保证场外应急工作的顺利开展，需要及时向社会公众通报应急行动的进展及注意事项，开展有效的公众沟通。

核应急是一项综合性的系统工程，需要有体系化的法律规范和完备的组织体系对应急工作的管理与实施提出相关要求，保障应急工作的协调开展。此外，核应急工作是面对核事故的一项特殊工作，同时需要专业技术的支持，以进行更加有效的核事故控制与缓解。核应急是核安全纵深防御的最后一道屏障，对于保护公众、保护环境、维护国家安全具有重要意义。

随着全球能源需求的增长和环境保护意识的提高，核能作为一种清洁、可持续的能源得到了广泛关注和应用。应急计划是核安全纵深防御原则的最后环节，确定核电厂址的应急计划区是满足厂址安全、环境保护要求的重要因素，也是制定核应急预案（应急计划）的重要技术基础。特别是福岛核事故的发生，使核应急计划区划分成为核应急领域一个非常重要的研究方向。

中国始终把核安全放在和平利用核能事业的首要位置，坚持总体国家安全观，倡导理性、协调、并进的核安全观，秉持为发展求安全、以安全促发展的理念，始终追求发展和安全两个目标有机融合。半个多世纪以来，中国人民奋发图强、历尽艰辛，创建发展核能事业并取得辉煌成就。同时，不断改进核安全技术，实施严格的核安全监管，加强核应急管理，核能事业始终保持良好安全记录。2016 年，国务院新闻办公室发表了《中国的核应急》白皮书，深刻阐述了中国核能发展与核应急基本形势、核应急方针政策、核应急“一案三制”建设、核应急能力建设与保持、核事故应对处置主要措施、核应急演习演练、培训与公众沟通、核应急科技创新、核应急国际合作与交流等内容。

4.2　国际核应急计划区划分标准

4.2.1 定义

1）应急计划区

为在核动力厂发生事故时能及时有效地采取保护公众的防护行动，事先在核动力厂周围建立、制定了应急计划并做好应急准备的区域。

2）设计基准事故

导致核动力厂事故工况的假设事故，这些事故的放射性物质释放在可接受限值以内，该核动力厂是按确定的设计准则和保守的方法来设计的。

3）设计扩展工况

不在设计基准事故考虑范围的事故工况，在设计过程中应该按最佳估算方法加以考虑，并且该事故工况的放射性物质释放在可接受限值以内。

4）应急基准释放类

为开展高温气冷堆核动力厂应急计划区测算，在安全分析的基础上选定的具有事故后果和释放可能性包络特征的一类释放。

对于设计基准事故，选取后果最为严重的设计基准事故作为应急基准释放类。

对于设计扩展工况，以高温气冷堆概率安全分析给出的可能造成放射性释放的事故序列为基础，按照放射性释放特征对这些事故序列归类得到释放类，并进一步分析得到具有包络性后果的释放类，作为应急基准释放类。应急基准释放类的发生频率取其包含的所有释放类的总和。

5）应急源项

用于应急计划区测算的应急基准释放类的放射性源项，包括释放到环境中的放射性核素的组成、形态、活度、释放方式以及这些释放特征随时间的变化。

4.2.2 国际原子能机构对核应急计划区的划分

国际原子能机构（IAEA）是全球核能领域的权威组织，致力于推动核能的和平利用和核安全的全球合作。在核应急计划区划分领域，IAEA 为各国提供指导原则、建议和技术支持，以促进国际核安全标准的制定和实施。

IAEA 在 20 世纪 80 年代沿用了应急计划区（EPZ）的概念，即烟羽应急计划区与食入应急计划区。切尔诺贝利事故后，根据严重核事故应对实践经验和研究，IAEA 不断完善和发展应急计划区的概念。在切尔诺贝利事故发生后十年，IAEA 形成了应急计划区的“三区制”特征。1997 年，IAEA 在发布的技术文件《发展核或辐射事故应急响应准备的方法》（TECDOC-953）中提出应急计划区的三区概念，即预防行动区（PAZ）、紧急防护行动计划区（UPZ）和长期防护行动计划区（LPZ）。这三区大小与核设施的威胁类型和功率密切相关。在预防行动区（PAZ）内要求预先制定好紧急防护行动，并在宣布总体应急后可以立即实施，其目标是在放射性物质释放前采取防护行动来充分降低确定性健康效应的风险；在紧急防护行动计划区（UPZ）内要求做好相应的应急准备，以便根据事故监测结果迅速实施紧急防护措施；在长期防护行动计划区（LPZ）要求提前做好准备来有效实施防护行动，以减少地面沉积和食物摄取带来的长期剂量。

随着核应急理念进一步发展，IAEA 逐步地发展完善了应急计划区的相关内容。2002 年，IAEA 在《核或辐射应急准备与响应》（GS-R-2）安全标准中提出了核设施的场外应急区不再使用长期防护行动计划区（LPZ）的概念，而要求建立预防行动区（PAZ）和紧急防护行动计划区（UPZ），并规定各区域内应急准备与响应的要求。自此，规范化地避开了以辐射途径为导向划分应急计划区的方法，而采用以防护行动为导向划分应急计划区的方法。随后，IAEA 在《发展核或辐射应急响应的方法》（EPR-METHOD）与《核或辐射紧急状态准备的安排–安全导则》（GS-G-2.1）中，均突出了 PAZ 和 UPZ 在预防性紧急防护行动的重要性，由原先的“三区”变为了“两区”。

威胁Ⅰ类：例如核电厂等设施，对这些设施而言，假设现场事件（包括可能性很小的事件）可能在场址外导致严重的确定性健康效应；或对这些设施而言，曾在类似设施中发生过此类事件。

威胁Ⅱ类：例如某些类型的研究堆等设施，对这些设施而言，假设现场事件可能导致场址外居民遭受到按照国际标准有必要采取紧急防护行动的剂量，或对这些设施而言，曾在类似设施中发生过此类事件。

PAZ 是对于威胁Ⅰ类设施应当做出安排的区域，目标是根据核设施的条件（例如应急级别）在发生放射性物质释放之前或发生放射性物质释放后的很短时间内采取紧急防护行动，从而显著地降低严重确定性健康效应的危险。当威胁Ⅰ类设施的严重应急事故发生后，PAZ 内要求采取预防性紧急防护行动，且行动的依据是可能导致放射性物质释放的设施状态（如应急状态分级或应急行动水平）。考虑到获得监测结果将需要较长时间，这可能会失去行动的最佳时机；另外，获取评价结果的决策支持系统，包括利用计算机的模型系统，在应急期间并不能非常迅速并准确地给出放射性释放的大小与时间进程、烟羽的移动、沉积水平和所引起的剂量等信息。因此，对于威胁Ⅰ类设施，必须事先确定 PAZ 的大小和应采取的预防性紧急防护行动。

UPZ 是针对威胁Ⅰ类Ⅱ类设施应当建立的一种区域。其目标是尽可能降低随机性健康效应。为此，要求在该区做好根据监测和设施状态迅速采取紧急防护行动的安排，避免受到放射性照射。需要指出的是，此阶段在 UPZ 内采取紧急防护行动的依据主要是监测结果和设施的工况，而不再只是设施的状态。

2013 年，IAEA 在总结了包括 2011 年福岛核事故在内的以往事故应急经验的基础上，发布了名为《轻水反应堆严重工况应急中保护公众的行动》的技术手册。该手册提出，在应急准备阶段，应事先确定四个围绕核电厂的场外应急计划区和范围，这是为了保证有效的防护行动和其他响应行动能够被迅速地实施，从而达到保护公众的目的，这些行动是与公众所受到的危害相对应的。

四个应急计划区分别为：1）预防性行动区（PAZ）；2）紧急防护行动计划（UPZ）；3）扩大的计划距离（EPD）；4）食入和商品计划距离（ICPD），如表 9 所示。

表 9　轻水堆核电厂应急计划区划分和半径

<table>
<tr><th rowspan="2">应急计划区划分类别</th><th rowspan="2">行动特征描述</th><th colspan="2">建议的最大半径/km</th></tr>
<tr><th>≥1 000 MW
（堆功率）</th><th>100~1 000 MW
（堆功率）</th></tr>
<tr><td>预防性行动（PAZ）</td><td>在应急准备阶段应作出综合安排的区域，在核电厂值长宣布总体应急的一小时内，通知公众和使公众开始采取紧急防护行动和其他响应行动。目标是在释放开始前启动防护行动和其他响应行动，以防止严重的确定性效应。需要确定 PAZ 的边界，以使撤离时间最少，PAZ 撤离到 UPZ 外优先 UPZ 的撤离。另外，在此区域内为保护不能立即撤离的特定设施（如医院、幼儿园和监狱等）的工作人员做出准备</td><td colspan="2">3~5</td></tr>
</table>

续表

应急计划区划分类别	行动特征描述	建议的最大半径/km	
		≥1 000 MW（堆功率）	100~1 000 MW（堆功率）
紧急防护行动计划区（UPZ）	在应急准备阶段应作出综合安排的区域，在核电厂值长宣布总体应急大约一小时内，通知公众和使公众开始采取紧急防护行动和其他响应行动。目标是在释放开始前或在释放后（有必要采取场外的防护行动）很快启动防护行动和响应行动，但不能延误在 PAZ 内实施紧急防护行动和其他响应行动。另外，在此区域内为保护不能立即撤离的特定设施（如医院、幼儿园和监狱）的工作人员做出准备	15~30	
扩大的计划距离（EPD）	在应急准备阶段应作出安排的距离，一旦在核电厂宣布总体应急后，a）提供指令减少因疏忽而造成的食入，b）进行沉积物的剂量率监测以确定在释放后的一天内需要撤离和一周到一个月内需要避迁的热点的位置。病人和需要专门照管的人员撤离到 EPD 外位置，以确保在释放后不再要求进一步撤离	100	50
食入和商品计划距离（ICPD）	在应急准备阶段应作出安排的距离，一旦在核电厂宣布总体应急后，提供指令：a）将动物置于保护的饲料场（如加盖）放牧，b）保护直接用雨水的饮水水源（如断开雨水收集管道），c）限制消费当地生产的非必需的野生产品（如蘑菇和猎物）、放牧动物的牛奶、雨水和动物饲料，d）在进行进一步的评价前停止销售商品。ICPD 也是在应急准备阶段应作出下列安排的距离：在应急期间要收集和分析的当地生产的样品、野生产品（如蘑菇和猎物）、放牧动物牛奶、雨水、动物饲料和商品，以验证食入和商品控制的适当性	300	100

PAZ 和 UPZ 的范围是以核电厂周围圆的半径来表述，实际的边界则需要结合地理界标（例如道路、行政管理边界、河流）来确定，以便于参与应急响应的公众进行识别。建立 PAZ 和 UPZ 的边界需要确保最有效地撤离，例如在某核电厂 5 km 内的区域，如果不包含一个城镇则可以较快撤离，那么划定 PAZ 的边界时需要将该城镇排除在外。

相比以前发表的导则和文件，《轻水反应堆严重工况应急中保护公众的行动》增加和细化了对核或辐射紧急情况下场外应急计划区设置的要求，在 IAEA 安全标准系列 GS-G-2.1 的基础上调整了设置预防性行动区和紧急防护行动计划区的大小要求，增加了“扩大的计划距离”和“食入和商品计划距离”两类应急计划距离。

4.2.3 美国核应急计划区划分标准

1980 年 10 月，美国核管会（NRC）和美国联邦应急管理机构（FEMA）发布了《用于准备和评价核电厂辐射应急响应计划及准备的准则》（NUREG-0654/FEMA-REP-1）；1981年10月，NRC又发布了《轻水反应堆应急行动水平》，对过去一些不合适的应急行动水平提出了指导性的方案。

在美国，轻水堆应急计划区的大小是核电厂周围固定的距离，且固定距离的偏离需要美国核管会（NRC）的许可。此外，选址和应急准备是独立的规定要求，两者都有不同的基准，对应不同的许可行动。美国的核应急计划区主要分为紧急响应区（ERZ，半径10英里，约16 km）和长期防护区（IPZ，半径50英里，约80 km）。

根据NUREG-0654/FEMA-REP-1，烟羽照射途径EPZ的范围基于下述考虑：

1）该区外部，传统设计基准事故/事件的预期剂量不会超出防护行动指南值（PAG：全身10 mSv，甲状腺50 mS）水平；

2）该区外部，堆芯损坏序列的预期剂量不会超过PAG水平；

3）对于最坏情况的堆芯损坏序列，立即威胁生命剂量一般不会在该区外部出现；

4）必要时，约16 km内的详细规划会为响应工作扩展至某个大范围提供实质性根据。

食入照射途径EPZ的范围基于下述考虑：

1）由于释放和迁移期间风向转变，下风向范围限制在距核电厂约80 km处，其污染可能潜在超过PAG；

2）大气中的碘（大气中长时间悬浮的碘）可能会转变为化学形态，不易于进入食入照射途径；

3）放射性烟羽中的许多特殊物质可能会沉积在核电厂80 km内的地面。

在福岛事故后，美国核管理委员会（NRC）和联邦应急管理局（FEMA）进行了联合审查，提出了一系列建议以改进应急响应计划。以下是其中一些主要改进措施：加强与周边国家和地区的合作，以提高应急响应能力；定期评估和修订应急响应计划，以确保其适应不断变化的安全环境；建立跨机构的协调机制，以确保在应对核事故时能够实现高效的信息共享和决策。

4.2.4 法国核应急计划区划分标准

法国的核应急计划区划分参考了IAEA的建议，并根据法国国内法规《核安全法》（2016年）进行了适用性调整。《核安全法》明确规定了核安全的基本原则和要求，为核应急计划区划分提供了法律依据。

法国的核应急计划区分为两个层次：半径10 km的近距离保护区和半径20 km的中距离保护区。

法国在实施《核安全法》（2016年）的过程中，根据国际和国内核安全事故的教训，对核应急计划区划分标准进行了适用性调整。在福岛事故后，法国对其核电厂的安全性进行了全面检查，并对其核应急计划进行了完善。此外，法国还加强了与 IAEA 和欧洲核安全监管机构（ENSREG）的合作，以提高其核应急计划的实用性和有效性。

在福岛核事故后，法国对其核安全法进行了修订，并提出了一系列应急响应计划的改进措施。以下是其中一些主要改进措施：扩大核应急计划区的范围，从原来的半径 10 km 扩大至 20 km；对核电厂进行定期的安全评估，并根据评估结果调整应急响应计划；建立一个全国性的核应急响应机构，以提高应急响应能力。

4.2.5 日本核应急计划区划分标准

日本在福岛核事故前，规定核电厂计划撤离、隐蔽的应急计划区半径是 8~10 km。在福岛核事故中，3 月 11 日~3 月 15 日避难区从 5 km→10 km→20 km→30 km，3 月 16 日美国军队提出建议 80 km。后来又逐渐缩减，在 2011 年 9 月 30 日，避难区为 20 km。根据环境监测和剂量评价结果提供的信息，基于居民安全作为首要的优先考虑，日本政府在 4 月 11 日宣布决定在离福岛核电厂 20 km 以外的区域建立了“计划撤离区域”和“撤离准备区域”。

在 2018 年版《严重核事故对策指南》中，日本参考了 IAEA 有关核电厂应急计划区划分和大小的建议，划分为预防性防护行动区、紧急防护行动计划区和烟羽防护行动计划区。区域范围和定义如下，其 PAZ 和 UPZ 的数值作为一个标尺，还需考虑地势、行政区划等地区固有的自然、社会环境以及设施的特征：

1）预防性防护行动区 PAZ：对于快速进展的严重核事故，为了避免确定性效应的发生，根据应急行动水平，在放射性物质开始向环境释放前就要做好实施立即撤离等的预防性防护行动的区域。PAZ 的具体范围，依照 IAEA 准则中推荐的范围 3~5 km，日本采用了 5 km 作为基准值。

2）紧急防护行动计划区 UPZ：为了减少随机性效应的风险，根据应急行动水平和操作干预水平，做好紧急防护行动的需要，UPZ 依照 IAEA 准则中推荐的距核设施 5~30 km，日本采用了 30 km 作为基准值。

3）烟羽防护行动计划区 PPA：目前处于研讨阶段，约大于 30 km。总体思路是通过核设施状态进行应急状态的判断，迅速采取撤离等预防性防护行动，放射性物质释放后，在比较广泛的区域也可能会出现剂量高点——“热点”。此时，国家、地方公共服务机构和核工作者，应迅速采取应急监测，并将监测结果与实施防护行动的准则进行比照，采取恰当的防护行动。作为防护行动实施的准则，设定了可以用环境辐射剂量率和环境试样中的放射性物质浓度表示的操作干预水平（OIL），该思路借鉴了 IAEA 通用准则。

4.2.6 俄罗斯核应急计划区划分标准

俄罗斯应急计划区划分标准由核监管部和紧急情况部两个监管部门实施，前者主要规定厂址选择早期选址阶段 EPZ 大小的确定及其执行，后者规定应急计划中 EPZ 的使用。

1）基于核监管部规定的 EPZ 大小设置

核监管部有关核电厂 EPZ 大小的要求见 NP-032-01《核电厂选址的基本准则与安全要求》。在 NP-032-01 中，划分了两种应急计划区：

（1）全阶段（早期、中期、晚期）应急计划区；

（2）强制撤离应急计划区。

全阶段应急计划区根据通用干预水平确定，所有子区半径通过特定防护行动确定（撤离、碘甲状腺阻断、隐蔽、再定居与农业对策）。食品和饮用水消耗限制子区最大半径，全阶段 EPZ 大小由此子区确定。

强制撤离 EPZ 大小是基于"几乎总被证明水平"确定的。NP-032-01 也规定了核电厂厂址选择时强制撤离 EPZ 的应用，对强制撤离应急计划区的人口密度和撤离困难组织（监狱、医院等）的存在也有限制要求。

根据 NP-032-01《核电厂选址的基本准则与安全要求》和 SPAS-03《核电厂设计和运行清洁规定》，作为接受准则，被表述为"在可能的设计基准事故情况下，超出厂址边界处的预期剂量不应超过'几乎总被证明的水平'。"监管文件 NP-001-97（OPB-88/97）《核电厂安全通用准则》提出，对于应急计划，仅需考虑释放发生频率 10-7/堆·年的超设计基准事故。

2）基于紧急情况部建议的 EPZ 大小设置

紧急情况部有关核电厂 EPZ 大小的要求见 2006 年由紧急情况部批准的《场外防护计划的标准内容》。其中规定，商用热功率 1 000 MW 以上反应堆的预防性防护行动计划区半径为 5 km，紧急防护行动计划区半径为 25 km，中期和较长期防护行动计划区半径为 100 km。

根据《场外防护计划的标准内容》，为减少随机效应和消除确定性效应，在预防性防护行动计划区应实施以下行动：

（1）在 4~6 h 内总体撤离；

（2）隐蔽；

（3）碘预防。

根据《场外防护计划的标准内容》，为减少随机性效应，在紧急防护行动计划区应实施以下行动：

（1）在 6~8 h 内总体撤离；

（2）碘预防；

（3）隐蔽。

4.3 中国核应急计划区划分标准

4.3.1 中国核应急计划区划分的法律法规和标准

《中华人民共和国放射性污染防治法》，自2003年10月1日起施行，为了防治放射性污染，保护环境，保障人体健康，促进核能、核技术的开发与和平利用，制定该法律。作为防治放射性污染的基本法律，对核设施选址、建造、运行、退役和核技术、铀（钍）矿、伴生放射性矿开发利用过程中发生的放射性污染的防治活动进行了明确规定，同时明确了相关部门在核安全管理中的职责。

《中华人民共和国突发事件应对法》，自2007年11月1日起施行，为了预防和减少突发事件的发生，控制、减轻和消除突发事件引起的严重社会危害，规范突发事件应对活动，保护人民生命财产安全，维护国家安全、公共安全、环境安全和社会秩序，制定该法律。作为应急管理的基本法律，对突发事件的预防与应急准备、监测与预警、应急处置与救援、事后恢复与重建等应对活动进行了明确规定，同时明确了各级政府、部门在核应急管理中的职责。

《中华人民共和国核安全法》，自2018年1月1日起施行，为了保障核安全，预防与应对核事故，安全利用核能，保护公众和从业人员的安全与健康，保护生态环境，促进经济社会可持续发展，制定该法律。作为核安全管理的基本法律，对在中华人民共和国领域及管辖的其他海域内，对核设施、核材料及相关放射性废物采取充分的预防、保护、缓解和监管等安全措施，防止由于技术原因、人为原因或者自然灾害造成核事故，最大限度减轻核事故情况下的放射性后果的活动进行了明确的规定，同时明确了相关部门在核安全管理中的职责。

中国的核应急法规体系如图22所示。

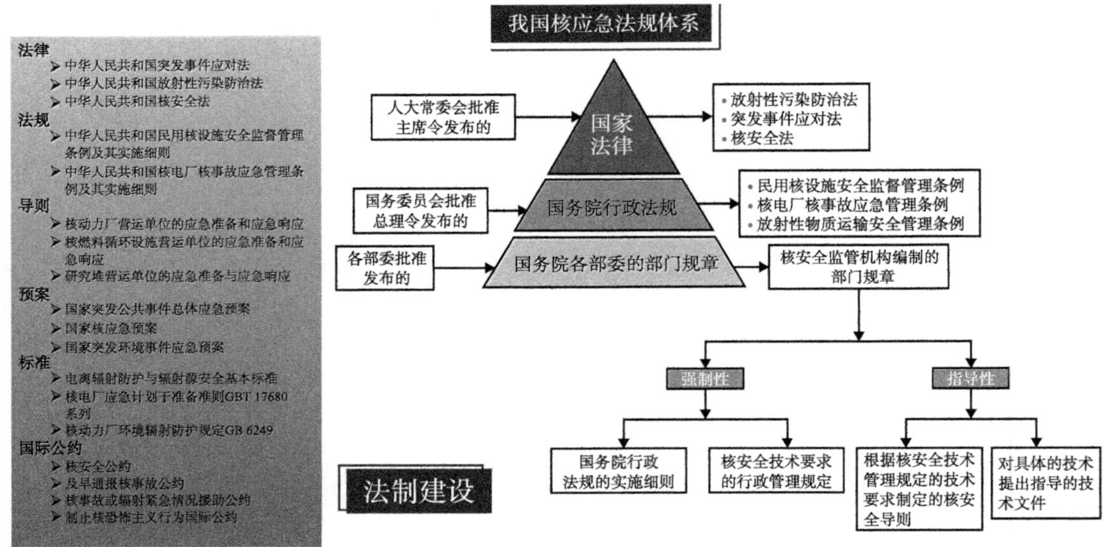

图22 中国核应急法规体系

《核电厂核事故应急管理条例》（HAF 002—1993）对核事故的应急响应、救援和恢复进行了详细规定，包括应急组织、人员、设备和物资的配置要求。

《核动力厂营运单位的应急准备和应急响应》（HAD 002/01—2019）：规定了核应急工作的组织体系、响应程序和实施措施，为核应急计划的制定和实施提供了操作性指导。

《核电厂应急计划与准备准则 第 1 部分：应急计划区划分》（GB/T 17680. 1—2008）：是核电厂应急计划区划分的主要技术标准，于 2008 年实施。该标准规定了核电厂应急计划区划分的原则、方法和技术要求，以及应急措施的实施。该标准要求核电厂应急计划分为预防性应急区、紧急应急区和扩展应急区，以保障不同程度的核事故应对。

随着我国核能事业的发展，核应急相关法规和标准不断得到修订和完善，以适应国内外核安全形势的变化和技术进步的需求。

4. 3. 2 中国核应急计划区划分原则

划分应急计划区并进行相应的应急准备，其目的是在应急干预的情况下便于迅速组织有效的应急响应行动，最大限度地降低事故对公众和环境可能产生的影响。在多数事故情况下，需要采取应急响应行动的区域可能只局限于相应应急计划区的一部分，但在发生严重核事故的极个别情况下，也有可能需要在相应应急计划区之外的区域采取应急响应行动，但由于出现这种极个别情况的概率极小，同时，应急计划区内的应急准备为必要时在应急计划区外采取应急响应行动提供了良好的基础，因此，应急准备一般只在应急计划区内进行。

确定核动力厂应急计划区时，既要考虑设计基准事故，也应考虑严重事故，以使在确定的应急计划区所进行的应急准备能应对严重程度不同的潜在事故后果。对于发生概率极小的事故，在确定核动力厂应急计划区时可不予考虑，以免使所确定的应急计划区的范围过大。

应急计划区划分为烟羽应急计划区和食入应急计划区。前者针对放射性烟羽产生的直接外照射、吸入放射性烟羽中放射性核素产生的内照射和沉积在地面的放射性核素产生的外照射；后者则针对摄入被事故释放的放射性核素污染的食物和水而产生的内照射。

4. 3. 3 确定应急计划区的一般方法与安全准则

1）一般方法

确定核电厂应急计划区的范围时，应遵循下述一般方法：

（1）确定应考虑的事故的类型及源项。

（2）计算事故通过烟羽照射途径使公众可能受到的预期剂量和采取特定防护行动后的可防止的剂量，并估计可能被污染的食品和饮用水的污染水平；计算中所用的环境转移模式和参数应是审管部门推荐或认可的。

（3）将所得到的剂量数据和污染水平与 GB 18871《电离辐射防护与辐射源安全基本标准》所规定的相应的通用优化干预水平或行动水平进行比较，确定应急计划区的范围大小，使在所确定的应急计划区的范围之外，事故可能导致的公众剂量和食品与饮用水的污染水平分别低于相应的通用优化干预水平和行动水平。

2）确定烟羽应急计划区范围的安全准则

确定烟羽应急计划区的范围时，应遵循下列安全准则：

（1）在烟羽应急计划区之外，按所考虑的后果最严重的严重事故序列使公众个人可能受到的最大预期剂量不应超过 GB 18871《电离辐射防护与辐射源安全基本标准》所规定的任何情况下预期均应进行干预的剂量水平；

（2）在烟羽应急计划区之外，对于各种设计基准事故和大多数严重事故序列，相应于特定防护行动的可防止的剂量一般应不大于 GB 18871《电离辐射防护与辐射源安全基本标准》所规定的相应的通用优化干预水平。

3）确定食入应急计划区范围的安全准则

确定食入应急计划区的范围时，应遵循下述安全准则：

在食入应急计划区之外，大多数严重事故序列所造成的食品和饮用水的污染水平不应超过 GB 18871《电离辐射防护与辐射源安全基本标准》所规定的食品和饮用水的通用行动水平。

4.3.4 应急计划区的区域范围与实际边界的确定

1）区域范围

对于压水堆核电厂，在符合安全准则的前提下，其烟羽应急计划区的区域范围，一般应考虑反应堆热功率的大小，在以反应堆为中心、半径 7~10 km 范围内确定；烟羽应急计划区内区的区域范围，一般应考虑反应堆热功率的大小，在以反应堆为中心、半径 3~5 km 的范围内确定。

对于压水堆核电厂，在规定的安全准则的前提下，其食入应急计划区的区域范围，在应急计划与准备阶段可根据应急计划所考虑的事故的辐射后果的评价结果来考虑；应急响应时，可根据实际监测与取样分析的结果来确定实施有关响应行动的区域范围。

2）实际边界的确定

确定应急计划区（特别是烟羽应急计划区）的实际边界位置时，除了应遵循相关安全准则之外，还应考虑核电厂周围的具体环境特征（如地形、行政区划边界人口分布、交通和通信等）社会经济状况和公众心理等因素，使最终划定的应急计划区的实际边界（不一定是圆形）符合实际，便于进行应急准备和应急响应。

3）多堆厂址应急计划区的范围与边界

对于多堆厂址，应确定一个统一的应急计划区。其范围应包含按照 4.3.3 节和 4.3.4 节中针对每个反应堆机组所确定的应急计划区的范围，其边界可以是各机组应急计划区边界的包络线。

4.3.5 中国在运核电机组应急计划区划分

截至 2022 年 12 月，我国已有 13 个核电场址 54 台并网运行机组，这些机组的应急计划区划分方法基本相同，范围均符合 GB/T 17680.1—2008 要求，特别是 2012 年后，绝大多数大型压水堆应急计划区选择了 GB/T 17680.1—2008 中的上限值，即烟羽应急计划区范围为 10 km，食入应急计划区范围为 50 km。秦山核电基地以 7 km 包络范围为烟羽应急计划区，30 km 范围为食入应急计划区，详见表 10 及图 23、图 24。

表 10　中国运行核电机组应急计划区范围

基地名称	机组数/台	机组型号及数量	烟羽应急计划区半径/km	食入应急计划区半径/km
秦山核电	9	1 台 CNP300 4 台 CNP600 2 台 CANDU 2 台 CPR1000	7	30
大亚湾核电	6	4 台 M310 2 台 CPR1000	10	50
田湾核电	6	4 台 VVER 2 台 CPR1000	10	50
红沿河核电	6	6 台 CPR1000	10	50
宁德核电	4	4 台 CPR1000	10	50
阳江核电	6	6 台 CPR1000	10	50
福清核电	6	4 台 CPR1000 2 台 HPR1000	10	50
海南核电基地	2	2 台 CNP600	10	50
防城港核电	2	2 台 CPR1000	10	50
台山核电	2	2 台 EPR	10	50
三门核电	2	2 台 AP1000	10	50
海阳核电	2	2 台 AP1000	10	50
山东石岛湾	1	1 台 HTR-PM	7	30

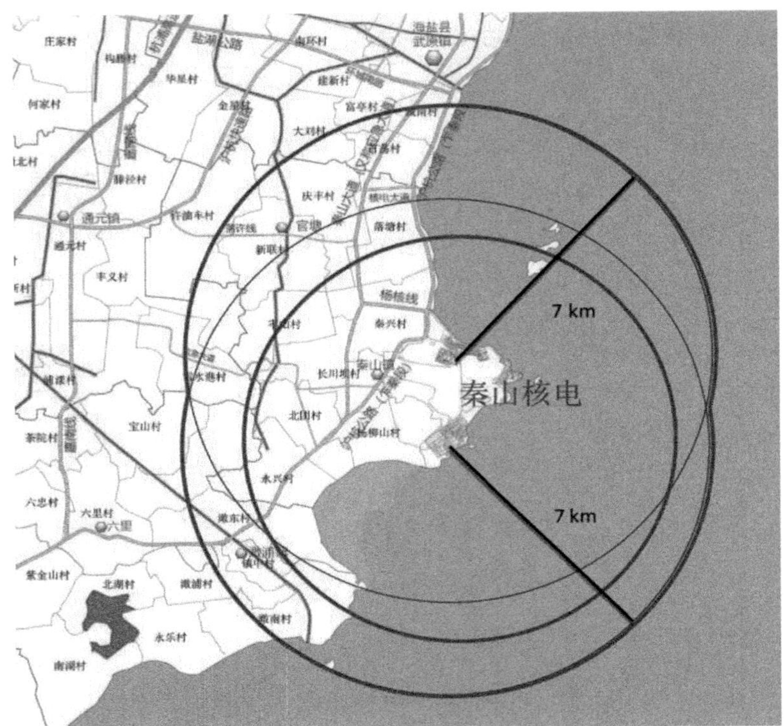

图 23　秦山核电烟羽应急计划区示意图

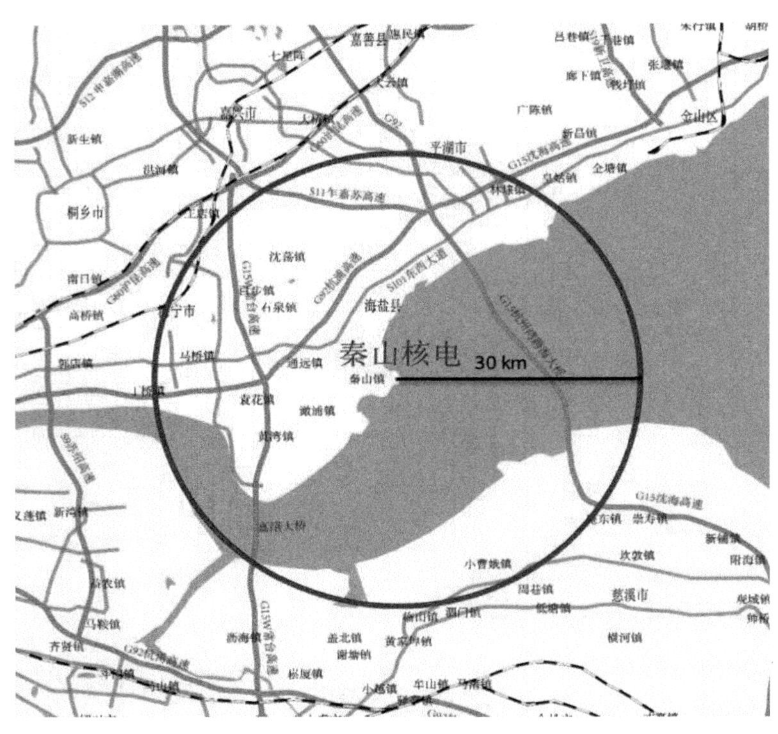

图 24　秦山核电食入应急计划区示意图

第五章　小型反应堆核应急准备与响应的特点与优势

5.1　小型反应堆研发进展

IAEA 在 2005 年出版的《Innovative small and medium sized reactors：Design features，safety approaches and R&D trends》（IAEA-TECDOC-1451）中以注释的形式指出小型反应堆（通常称为小型堆或小堆）是等效电功率小于 300 MW 的反应堆。

美国并没有完全采用 IAEA 的定义，小堆（Small Reactors）和小型模块化反应堆（Small Modular Reactor）的概念均有应用，且功率值也与 IAEA 定义不同。

2009 年西屋公司发布的《Next Generation Nuclear Plant-Emergency Planning Zone Definition at 400Meters》（NGNP-LIC-GEN-RPT-L-00020）中提出"小型轻水堆热功率小于 250 MW"，2011 年 NRC《DEVELOPMENT OF AN EMWERGENCY PLANNING AND PREPAREDNESS FRAMEWORK FOR SMALL MODULAR REACTORS》（SECY-11-0152）中同样描述小型模块化反应堆（SMR）热功率小于 250 MW。

中国国家核应急办 2017 年印发的《陆上小型压水堆核应急工作指导意见（试行）》中提出"小型压水堆（简称小型堆）是指电功率小于 300 MW，可用于发电、供热、供气、海水淡化等多用途的小型商用压水堆"。

国际上并没有统一小堆、小型模块化反应堆的定义，但 IAEA、我国对小型堆的认定标准保持一致，即以 300 MW 为划分依据。随着业内对小型堆的热情越来越高，参与小型堆研究的国家、机构也越来越多，小型堆现在通常被定义为输出电功率在 10～300 MW 之间的核反应堆。

小型堆被设想用于大型反应堆不可行的能源市场，可以为小型电网、偏远地区和离网地区提供电力、热能、氢气生产、海水淡化等热电联产功能，实现核热非电应用的功能。通过模块化技术，在较短的安装或建设时间内实现小型堆系列化生产的经济性。目前研发、设计和示范应用的小型堆都具有与大型先进商业反应堆相当或更好的安全性能。

由于占地面积较小，小型堆有望在选址方面具有灵活性，并允许它们根据区域或产业集群的能源需求进行灵活调整。模块化和更好的安全性使小型堆对电网规模较小、几乎没有运营核电站专业知识的行业和国家具有吸引力。一些公司正在开发和部署可运输的“交钥匙”系统中，这些系统完全在工厂制造，可直接交付给偏远地区，或出口到其他国家，作为即插即用的电力和热能供应。在偏远的离网社区安装小型堆的可能性提高了这些社区获得清洁电力和热量的机会。

IAEA 于 2004 年启动革新性中小型堆的开发计划，成立“革新性核反应堆”协作研究项目，涌现了十余种革新性中小型反应堆概念，主要应用于核能非电力综合利用。2011 年，IAEA 进一步提出在革新性中小型反应堆中推动“小型模块化反应堆（SMR）”，即在设计上采用模块化技术，通过批量化制造和缩短建造周期，提高经济性。国际原子能机构、经合组织核能署、美国、俄罗斯，欧盟和英国等都纷纷表态，强调后疫情时代，核能作为低碳能源应发挥更广泛的重要作用，并投入大量的资金，积极推进小型堆的开发工作。

IAEA 在 2020 年发布的《Advances In Small Modular Reactor Technology Development》（小型模块化反应堆技术进展）中列出了全球 10 多个国家正在开发的 5 类 71 种小型堆技术，预测了 2025 年后小型堆的未来场景，强调小型堆在供热、制氢、海水淡化等非电力应用领域将有宽广的市场，小型堆技术将有力地拓展核能作为清洁能源的发展前景（见表 11）。

目前全球小型堆技术总体发展趋势包括：

1）从技术基础及成熟度来看，轻水堆（包括陆基和海基）和高温气冷堆是目前小型堆技术发展的主流；

2）高温气冷堆以其高安全性、高热力参数、用途广泛的独有特点受到青睐，开发的型号数量多，包括球床堆和棱柱堆两大类型；

3）快堆由于在燃料增殖、减少高放废物方面具有独一无二的优势，仍是国际社会小型堆研发重点，特别是铅（铋）快堆；

4）值得特别关注的是熔盐堆，目前大都处于概念设计阶段，个别进入基本设计和实验阶段。熔盐堆用途广泛，可作为发电、工业热源、制氢等。铀—钍混合燃料熔盐堆为使用自然界中丰富的钍资源提供技术途径。

表 11　小型反应堆研发情况

型号	功率	堆型	设计方	国家	进展
水冷式小型模块化反应堆（陆基）					
CAREM	30 MW*	一体化压水堆	CNEA	阿根廷	工程建设
ACP100	125 MW*	一体化压水堆	中核/核动力院	中国	工程建设
CANDU SMRTM	300 MW*	压力管式重水堆	Candu Energy Inc.	加拿大	概念设计
CAP200	>200 MW*	压水堆	国家电投/上海核工院	中国	基本设计
DHR400	400 MW**	压水堆（泳池型）	中核	中国	基本设计
HAPPY200	200 MW**	压水堆	国家电投	中国	详细设计

续表

型号	功率	堆型	设计方	国家	进展
NHR200-II	200 MW **	一体化压水堆	清华大学和中广核	中国	基本设计
TEPLATORTM	<150 MW **	重水堆	UWB Pilsen & CIIRC CTU	捷克	概念设计
NUWARDTM	2×170 MW *	一体化压水堆	EDF	法国	概念设计
IMR	350 MW *	压水堆	MHI	日本	概念设计完成
i-SMR	170 MW *	一体化压水堆	KHNP 和 KAERI	韩国	概念设计
SMART	107 MW *	一体化压水堆	KAERI 和 K. A. CARE	韩国和沙特阿拉伯	详细设计
RITM-200N	55 MW *	一体化压水堆	JSC Afrikantov OKBM, Rosatom	俄罗斯	详细设计完成
VK-300	250 MW *	沸水堆	NIKIET	俄罗斯	详细设计
KARAT-45	45~50 MW *	沸水堆	NIKIET	俄罗斯	概念设计
KARAT-100	100 MW *	沸水堆	NIKIET	俄罗斯	概念设计
RUTA-70	70 MW **	压水堆（泳池型）	NIKIET	俄罗斯	概念设计
STAR	10 MW *	轻水堆（压力管）	STAR ENERGY SA	瑞士	基本设计
Rolls-Royce SMR	470 MW *	压水堆	Rolls-Royce SMR Ltd.	英国	详细设计
VOYGRTM	4/6/12×77 MW *	一体化压水堆	Nuscale Power Corporation	美国	设备制造
BWRX-300	270~290 MW *	沸水堆	GE-Hitachi Nuclear Energy 和 Hitachi-GE Nuclear Energy	美国和日本	详细设计
SMR-160	160 MW *	压水堆	Holtec International	美国	初步设计完成
Westinghouse SMR	>225 MW *	一体化压水堆	Westinghouse Electric Company LLC	美国	概念设计完成
mPOWER	2×195 MW *	一体化压水堆	BWX Technologies, Inc	美国	概念设计
OPEN20	22 MW *	压水堆	Last Energy Inc.	美国	详细设计
水冷式小型模块化反应堆（海基）					
KLT-40S	2×35 MW *	压水堆	JSC Afrikantov OKBM	俄罗斯	运营中
ACPR50S	50 MW *	压水堆（回路型）	中广核	中国	详细设计
ACP100S	125 MW *	一体化压水堆	中核/核动力院	中国	基本设计
BANDI-60	60 MW *	压水堆	KEPCO E&C	韩国	概念设计
ABV-6E	6~9 MW *	压水堆	JSC Afrikantov OKBM, Rosatom	俄罗斯	最终设计
RITM-200M	50 MW *	一体化压水堆	JSC Afrikantov OKBM, Rosatom	俄罗斯	基本设计完成
VBER-300	325 MW *	一体化压水堆	JSC Afrikantov OKBM, Rosatom	俄罗斯	许可证阶段

续表

型号	功率	堆型	设计方	国家	进展
SHELF-M	<10 MW*	一体化压水堆	NIKIET	俄罗斯	基本设计
高温气冷式小型模块反应堆					
HTR-PM	210 MW*	高温气冷堆（球床堆）	清华大学	中国	运行中
STARCORE	14/20/60 MW*	高温气冷堆（棱柱堆）	StarCore Nuclear	加拿大	前期概念设计
JIMMY	10~20 MW**	高温气冷堆（棱柱堆）	JIMMY ENERGY SAS	法国	详细设计
GTHTR300	100~300 MW*	高温气冷堆（棱柱堆）	JAEA Consortium	日本	基本设计
GT-MHR	288 MW*	高温气冷堆（棱柱堆）	JSC Afrikantov OKBM	俄罗斯	初步设计完成
MHR-T	4×205.5 MW*	高温气冷堆	JSC Afrikantov OKBM	俄罗斯	概念设计
MHR-100	25~87 MW*	高温气冷堆	JSC Afrikantov OKBM	俄罗斯	概念设计
AHTR-100	50 MW*	高温气冷堆（球床堆）	Eskom Holdings SOC Ltd.	南非	概念设计完成
PBMR-400	165 MW*	高温气冷堆（球床堆）	PBMR SOC Ltd.	南非	初步设计完成
HTMR100	35 MW*	高温气冷堆（球床堆）	STL Nuclear（Pty）Ltd.	南非	基本设计
EM2	265 MW*	气冷快堆	General Atomics	美国	概念设计
FMR	50 MW*	气冷快堆	General Atomics	美国	概念设计
Xe-100	82.5 MW*	高温气冷堆（球床堆）	X-Energy LLC	美国	基本设计
SC-HTGR	272 MW*	高温气冷堆（棱柱堆）	Framatome, Inc.	美国	初步设计
PeLUIt/RDE	40 MW**	高温气冷堆（球床堆）	BRIN	印度尼西亚	概念设计
HTR-10	2.5 MW*	高温气冷堆（球床堆）	清华大学	中国	可运行
HTTR	30 MW**	高温气冷堆（棱柱堆）	JAEA	日本	运行中
液态金属冷却快中子小型模块化反应堆					
BREST-OD-300	300 MW*	液态金属快堆（泳池型）	NIKIET	俄罗斯	建设中
ARC-100	100 MW*	液态金属快堆（泳池型）	ARC Clean Energy	加拿大	初步设计
4S	10 MW*	液态金属快堆（泳池型）	Toshiba Energy Systems & Solutions Corporation	日本	详细设计
URANUS	20 MW*	铅铋堆	UNIST	韩国	概念设计
LFR-AS-200	200 MW*	液态金属快堆	newcleo srl	意大利	概念设计
SVBR	100 MW*	液态金属快堆	JSC AKME Engineering	俄罗斯	详细设计
SEALER-55	55 MW*	液态金属快堆	LeadCold	瑞典	概念设计
Westinghouse LFR	450 MW*	液态金属快堆（泳池型）	Westinghouse Electrics Company LLC	美国	概念设计
熔盐小型模块化反应堆					
IMSR400	2×195 MW*	熔盐堆	Terrestrial Energy Inc.	加拿大	详细设计
SSR-W	300 MW*	熔盐堆（静态燃料）	Moltex Energy	加拿大	概念设计
smTMSR-400	168 MW*	熔盐堆	中国科学院/上海应用物理研究所	中国	前期概念设计

续表

型号	功率	堆型	设计方	国家	进展
CMSR	100 MW *	熔盐堆	Seaborg Technologies ApS	丹麦	概念设计
Copenhagen Atomics Waste Burner	20 MW **	熔盐堆	Copenhagen Atomics	丹麦	详细设计
FUJI	200 MW *	熔盐堆	ITMSF	日本	初步设计完成
THORIZON	40~120 MW *	熔盐堆	THORIZON	荷兰	概念设计
SSR-U	16 MW *	熔盐堆	Moltex Energy	英国	基本设计
KP-FHR	140 MW *	氟盐堆	KAIROS Power, LLC.	美国	概念设计
Mk1 PB-FHR	100 MW *	氟盐堆	UC Berkeley	美国	前期概念设计
MCSFR	50/200/400/1200 MW *	熔盐堆（快中子）	Elysium Industries	美国	概念设计
LFTR	250 MW *	熔盐堆	Flibe Energy, Inc.	美国	概念设计
ThorCon	250 MW *	熔盐堆	ThorCon International	美国和印度尼西亚	初步设计完成

注：1）* 为反应堆热功率；
2）** 为发电机功率。

5.2 小型反应堆的特点和优势

小型堆除了具备清洁、供电稳定的优势，还具有高安全性、更灵活、用途更广泛的特点。在民用领域，一方面可以为海上油气田开采、海岛开发、城市供电/供热、海水淡化等提供可靠和稳定的电力，另一方面也可为破冰船提供推进动力，在军事上也有很多用途。仅就海上石油钻采方面的需求粗略估计，未来市场规模就逾 1 000 亿元人民币。

此外，2011 年以来，国家先后印发了多份鼓励开展小型堆研发及工程建设的政策文件。根据《能源技术创新“十三五”规划》，开展小型堆的示范堆建设已被列入“十三五”的重点内容；《2018 年能源工作指导意见》也强调了要深入推进高温气冷堆和模块化小型堆先进核电技术的试验示范工程建设。

小型模块化反应堆提供了较低的资本投资、更大的可扩展性，以及更强的选址灵活性。与传统设计相比，小型堆还具有更强的安全性和安保性。部署先进小型堆有助于推动经济增长。小型堆具有如下显著特点。

1）模块化

小型模块化反应堆中的“模块化”是指在工厂环境中制造核蒸汽供应系统的主要部件并运输至使用地点的能力。尽管目前的大型核电厂将工厂化组件（或模块）纳入到设计中，但仍需要大量的现场工作才能将组件安装成可运行的电厂。与大型核电厂相比，小型堆提供了简化设计、增强的安全特性、工厂生产带来的经济性和质量收益，以及更大的灵活性（融资、选址、规模和最终用途），预计只需要有限的现场准备，并能大幅缩短施工时间。随着能源需求的增加，还可以根据需求增加模块。

2）较低的资本投资

由于较低的电厂投资成本，小型堆可以减少核电厂业主的资本投资。模块化组件和工厂制造可降低施工成本和工期。

3）选址灵活

小型堆可以为不需要大型电厂或厂址缺乏支持大型机组基础设施的应用提供电力。包括较小的电力市场、孤立地区、较小的电网、水源和占地面积有限的厂址，或独特的工业应用。小型堆有望成为替代老化/退役的化石燃料电厂的有吸引力的选择，或提供一种不排放温室气体的能源来补充现有的工业流程或发电厂的选择。

4）更高的效率

小型堆可以与其他能源（包括可再生能源和化石能源）结合使用，以充分利用资源、产生更高的效率和多种能源终端产品，同时提高电网的稳定性和安全性。一些先进的小型堆设计可以产生较高温度的工艺热，用于发电或工业应用。

5）核安保与防核扩散

小型堆从设计上更好地考虑了安保方面的需求，包括能够承受设计基准飞机撞击和其他特定威胁的屏障。小型堆还为国际社会提供了更有利于防核扩散的潜在利益。大多数小型堆将建在地面以下，以加强安全和安保，提高应对人为破坏和自然灾害的能力。一些小型堆将设计为在不需要换料的情况下长期运行。这些小型堆可以在工厂中制造和装料，密封并运输到厂址进行发电或产生工艺热，最后在寿期结束后返回工厂进行卸料。这种方法有助于尽量减少核材料的运输和处理。轻水型小型堆预计将使用低富集度铀作为燃料，即约5%的^{235}U，与现有的大型核电厂类似。应用于这些技术的“设计安保”概念有望降低小型堆核材料被盗窃和转移的可能性。此外，部分轻水型小型堆的反应堆堆芯可以设计成使用混合氧化物（MOX）作为燃料，MOX燃料能通过“焚烧”钚而产生能量。此外，基于非轻水冷却剂的小型堆可以更有效地处置钚，同时最大限度地减少需要处置的废物。

6）提升制造业

小型堆经济性竞争力的基础是模块化零部件的大规模制造将降低小型堆的发电成本，达到与当前电源相当的成本水平。小型堆既有国内市场，也有国际市场，通过发展小型堆可提升制造业，从而竞争上述市场。标准化小型堆的开发将增加核能在全球能源市场的影响力。如果有足够数量的小型堆机组建设，将促进先进制造业等相关产业的快速发展并提升其水平。

7）发展经济

部署小型堆取代退役的发电资产，并满足不断增长的发电需求，将促进制造业、税收基数的提升，以及高收入工厂、建造和运营岗位的大幅增长。以美国为例，2010 年一项关于小型堆部署对经济和就业影响的研究估计，耗资 5 亿美元（约 35 亿元人民币）制造和安装的典型 100 MW 小型堆将创造近 7 000 个就业机会，并产生 13 亿美元（约 90 亿元人民币）的销售、4. 04 亿美元（约 28 亿元人民币）的收入（工资）和 3 500 万美元（约 2. 4 亿元人民币）的间接营业税。美国研究了多个小型堆部署率对经济的影响，即低部署率（1～2 个/年）、中等部署率（30 个/年）、高部署率（40 个/年）和极端部署率（85 个/年）。研究表明，即使在中等部署水平上，发展小型堆制造企业也会产生重大的经济影响。

5. 3 小型反应堆核应急计划区划分

对于小型堆的每个模块来说，其更小的体积，更低的功率密度，更低的事故发生概率，更缓慢的事故进程，以及更小的场外后果，都促使相关研究设计人员和未来可能的小型堆运行人员对应急计划区的大小、场内及场外应急计划的程度和范围、需要的响应人员数量，以及公众紧急通告要求的相关内容进行研究。

NRC 曾提出针对小型堆建立半径可变的应急计划区。NRC 工作人员认为，小型堆厂址的应急计划应关注小型堆源项较小以及采用了非能动设计等情况，因此可设立一种半径可变的应急计划区，并设定与小型堆事故源项、裂变产物释放及相关剂量特征相匹配的场区外应急计划要求。采用这一方法，可以考虑建立 4 种不同半径的应急计划区，即场区边界以及半径分别为 3. 2 km、8 km 和 16 km 的应急计划区。如果在场区边界处的预期剂量低于 10 mSv，则不要求在场区边界之外建立应急计划区，场区外的应急计划要求也将是有限的；如果场区边界处的预期剂量大于 10 mSv，但在 3. 2 km 处的预期剂量低于 10 mSv，则可将应急计划区半径设定为 3. 2 km；如果 3. 2 km 处的预期剂量超过 10 mSv，但 8 km 处的预期剂量低于 10 mSv，则可将应急计划区半径设定为 8 km；如果 8 km 处的预期剂量超过 10 mSv，则可将应急计划区的半径设定为 16 km。使用半径可变的应急计划区示例见表 12。

表 12　小型堆半径可变的应急计划区

EPZ 类型	剂量限值	烟羽 EPZ
Ⅰ	场区边界预期剂量低于 10 mSv	场区边界
Ⅱ	场区边界预期剂量超过 10 mSv，3. 2 km 处的预期剂量低于 10 mSv	3. 2 km
Ⅲ	3. 2 km 处预期剂量超过 10 mSv，8 km 处的预期剂量低于 10 mSv	8 km
Ⅳ	8 km 处预期剂量超过 10 mSv，16 km 处的预期剂量低于 10 mSv	16 km

相对于大型核电机组而言，小型堆具有更好的安全特性，同时其功率水平远低于前者，由此决定了其应急计划区小于前者。然而，应急计划区的设定不单单是技术问题，还要考虑社会、经济、政治等影响因素。美国核管会（NRC）早在 1997 年的政策讨论文件 SECY-97-020 中就提出，为了证明对应急计划进行修订的正当性，需要花费大量人力物力资源来解决截断概率问题；在纵深防御框架内，以某一层次上安全性提高证明另一层次上要求降低的正当性问题，以及公众接受度问题。此后，NRC 提出设立半径可变的应急计划区，目前看来，这种半径可变的应急计划区是具有指导意义和现实价值。

风险指引方法是一种基于概率和后果曲线的应急计划区划分方法。它考虑的是给定距离处超过剂量限值的频率，以及所有可预见的事故情景，解决了概率论方法中由于概率截断值的选择而引发的缺陷以及确定论方法中未对严重事故进行合理考虑的问题。风险指引方法的主要步骤如下：

1）将事故情景按照释放源项重新分类：所有通过核电厂概率风险分析（PRA）得到的事故情景都在考虑范围内，包括发生可能性非常低的事故。这一步将得到若干组事故情景以及对应的发生频率。

2）对每组事故情景的后果进行评估：考虑完整的气象条件，计算事故发生后（特别是第 1 个小时内）不同位置处个体的吸收剂量。输出结果是一系列剂量当量 - 距离的曲线，每个曲线对应一个释放情景。

3）定义剂量限值和频率限值。剂量限值目前可认为与传统方法中使用的剂量限值（如美国 PAG，我国干预水平）一致。频率限值是指超过剂量限值的频率而非某些事故的发生频率，其定义还存在争议，目前可将 10^{-7} 作为其估计值。

4）决定应急计划区的大小：通过剂量-距离曲线对每种释放情景 A_i 定义 X（i 剂量限值处的距离）；根据 PRA 计算出每种释放情景的概率 f_i，在小于 X_i 的距离处，超过剂量限值的概率为 1，大于 X_i 处超过剂量限值的概率为 0；再将概率乘以每种事故的发生频率。对每个释放情景来说，小于 X_i 的距离处剂量超过限值的概率为 f_i；综合考虑所有事故情景，得到关于距离 X 和超过剂量限值的频率 f 的函数，求出 f 等于频率限值时的 X，即为应急计划区大小。

利用风险指引方法对 IRIS 反应堆进行评估，IRIS 反应堆的应急计划区大小约为 1.8 km。

目前，国际上对小型堆应急计划区的计算方法并没有统一的要求和规范。各个国家对不同的小型堆采用不同的计算方法对其应急计划区进行了研究分析，研究结果主要见表 13。

表 13　不同小型堆应急计划区半径评估情况

评估的应急计划区半径	小型堆类型
不需要场外应急计划	VK-300，AHWR，GT-MHR，4S
简化或不需要场外应急计划	CAREM-25，mPower，NuScale，CCR，HTR-PM，New Hyperion Power Module

续表

评估的应急计划区半径	小型堆类型
400 m	PBMR
1 km	KLT-40S，VBER-300，ABV
2 km	IRIS
无详细规定	SMART，IMR，NHR-200，GTHTR-300，SVBR-100，PASCAR

可以看出，与大型堆的应急计划区相比，小型堆的应急计划区明显减小甚至取消了场外应急计划。

小型堆应急计划区优化分析和计算时，首先要确定事故类型和源项，通过某种应急计划区划分方法（例如确定论方法）计算出合适的应急计划区；反过来，确定应急计划区后，可计算对应这种大小应急计划区的可接受释放源项水平，进而作为小型堆堆芯设计的参考依据。

采用确定论方法，计算给出当应急计划区大小规定为不同值时，对应的可接受释放源项水平。烟羽应急计划区大小，主要依靠烟羽照射途径导致的公众可能受到的预期剂量，和采取一定防护行动后的可防止剂量来确定。一般考虑用预期剂量 10 mSv 与 50 mSv 作为烟羽应急计划区外区与内区的限值。由于不同小型堆的事故类型及其发生概率并不确定，在这里使用确定论的方法进行计算。

发生核事故后，一定范围内的公众预期剂量可由核电厂事故后果评价软件（MACCS）计算，MACCS 被广泛应用于核与辐射事故后果评价。具体模拟条件为：预先设定一个初始释放源项，假设一天 24 h 持续释放，释放高度为地表处；为统一衡量释放源项，引入等效释放源项的概念，即假设释放源项全部折算为^{131}I，下文计算中所涉及源项均指^{131}I 的等效源项；气象条件以某电厂全年气象数据文件为基础，求出释放点不同距离处的公众预期剂量，结果取平均值。

科学的方法是依据国家核安全监管的要求，评价与确定小型堆的应急计划区，而不是直接将大型反应堆的结论直接应用于小型堆。小型堆较小的事故源项和较高的安全性使得应急计划区大为减少或者可以消除，国际上对小型堆应急计划区研究结果也表明可以缩小应急计划区，如此可以提升小型堆的经济效益和社会效益。

采用特定厂址的气象条件、设计源项种类，对事故后果进行分析，从而确定应急计划区半径符合预期的事故释放源项限值。小型堆设计时，对其功率或堆芯积存量进行控制，使事故的最大释放源项水平达到计算要求。若烟羽应急计划区覆盖范围小于厂区范围，可以考虑取消场外的烟羽应急计划区。

5.4 中国小型反应堆核应急计划区划分现状

截至 2022 年年底，我国在建和试运行的小型堆仅有石岛湾球床模块式高温气冷堆核电厂（HTR-PM）示范项目（双堆一机模式，单堆热功率 250 MW）和海南昌江小型堆示范工程项目（一台 ACP100 多用途模块式小型堆，单机组电功率 125 MW）。

5.4.1 石岛湾 HTR-PM 示范工程项目应急计划区划分

石岛湾 HTR-PM 示范工程项目应急计划区测算采用了国内现行的安全准则、测算方法，测算所依据的源项也是经监管部门审核认可的、符合高温气冷堆技术特点的源项，应急计划区测算结果如下：

1）对设计基准事故采用包络源项和保守气象条件计算，最严重的设计基准事故在各距离处的 2 天有效剂量、7 天有效剂量、甲状腺剂量均小于相应的通用优化干预水平；

2）对应急基准释放类采用概率论方法、现实模型（包括综合考虑事故后果与其频率、地表粗糙度对扩散参数的修正等）进行了事故后果分析。超越指定剂量水平的条件概率分析表明，高温气冷堆发生应急基准释放类时，其所致场外公众个人剂量，在 500 m 处不会超过紧急防护行动（隐蔽、撤离和碘防护）的通用干预水平；

3）发生应急基准释放类事故时所致辐射剂量不会大于任何情况下都必须采取干预措施的剂量水平；

4）发生应急基准释放类中的事故时，^{134}Cs、^{137}Cs 和 ^{89}Sr 这一核素组在粮食、蔬菜和牛奶中的污染水平和 ^{131}I 这一组核素在饮用水和牛奶中的污染水平可能在反应堆近区以百万分之几或更低的概率超过其相应食品通用行动水平。也就是说各应急基准释放类中包络事故源项都比较小，各核素组在食品中的污染水平只有在 500 m 范围以内才可能以极低的概率超过 GB 18871—2002 中规定的食品通用行动水平。

HTR-PM 应急计划区测算结果显示，高温气冷堆事故影响的范围和程度较压水堆显著下降，从技术上可大大简化或取消场外应急，但国内缺乏小型堆应急计划区划分实践，主管部门考虑了本工程场址同步规划发展大型压水堆等因素，确定了 HTR-PM 应急计划区范围（烟羽应急计划区内区 3 km，烟羽应急计划区外区 7 km，食入应急计划区 30 km）。后期将根据石岛湾核电场址压水堆核电机组包络性原则考虑应急计划区的范围。

5.4.2 昌江小型堆示范工程项目应急计划区划分

昌江小型堆示范工程项目应急计划区测算采用了国内现行的安全准则、测算方法，使用了小型堆的事故分析成果，测量结果如下：

1）对于设计基准事故，场址边界（非居住区边界 500 m）处，公众不需要采取撤离、隐蔽、碘防护等紧急防护行动。

2）以二级 PSA 全事故谱作为大多数严重事故的代表，计算结果显示，距离反应堆中心 200 m 之外，大多数严重事故后公众接受的 2 天预期有效剂量超过 10 mSv 的概率、7 天预期有效剂量超过 50 mSv 的概率和甲状腺剂量超过 100 mSv 的概率均低于 30%。

3）对于安全壳早期失效的最严重事故，其放射性后果不会对 2.5 km 以外的公众造成确定性效应。

根据《陆上小型压水堆核应急工作指导意见（试行）》，由于安全壳早期失效的严重事故释放类发生频率低于 10^{-8}/堆·年的概率截断值，在小型堆应急计划区划分时可以不予考虑。从技术上可推荐场址边界作为昌江小型堆示范工程项目应急计划区边界，即反应堆中心半径 500 m 的区域。考虑剩余风险，应急计划区半径可推荐为 2.5 km，满足《陆上小型压水堆核应急工作指导意见（试行）》规定的不大于 3 km 的要求。

昌江核电场址已建成 2 台压水堆，在建 2 台大型压水堆，因此昌江小型堆示范工程项目应急计划区范围并不单独设置，未采用非居住区边界 500 m 或考虑了剩余风险的推荐值 2.5 km 作为应急计划区范围，而是全场址统一划分应急计划区范围（昌江场址烟羽应急计划区 10 km，食入应急计划区 50 km）。

5.5　小型堆应急计划区划分的困难

虽然业内普遍认为小型堆的安全性更好，事故风险及后果均较传统大型堆有显著的改善，但小型堆应急计划区划分仍存在一定的困难，主要包括以下几个方面。

1）缺乏针对性标准

国内应急计划区划分相关的标准、导则、预案等，主要以大型压水堆为基础，小型堆型的应急计划区划分技术标准仍处于探索和研究阶段，尚未形成广泛认可的国家或行业标准文件，例如 HTR-PM 机组缺乏针对性技术标准和规范，现有标准无法体现高温气冷堆的技术特征。

2011 年美国核管会发布了《小型模块化反应堆应急计划和准备框架的开发》（SECY-11-0152），讨论了为小型模块化反应堆（SMR）开发基于剂量、面向后果的应急准备（EP）的框架，该框架考虑了各种设计，模块化配置以及应急计划的区域（EPZ），提出了可变应急计划区的概念，为 SMR 应急计划区确定提供了一个基本参考。该报告属于一个更基层的说明性文件，并不是应急计划区划分的执行性技术标准。

2）划分实践少

目前已有的小型堆核电厂的应急计划区划分实践案例仅有石岛湾 HTR-PM、昌江小型堆。

石岛湾 HTR-PM、昌江小型堆应急计划区测算均采用了通用的安全准则和计算方法，测算结果显示应急计划区较大型压水堆显著减小，充分体现了高温堆和昌江小型堆安全性更高、核事故风险更低的特征，但从场址整体规划和已建机组等因素考虑，应急计划区批复时采用了大型压水堆应急计划区指导值，从行政批复结果上没有充分体现高温气冷堆、昌江小型堆安全性更高的特征。

从仅有的两个小型堆的应急计划区确定实践来看，虽然在事故分析、场外剂量计算部分体现出了小型堆更安全的特征，但最终应急计划区范围的确定因考虑其他因素而未真正体现出小型堆更安全的特征。比较保守的应急计划区范围可能会影响小型堆的选址，丧失其在选址灵活性、用途多样性、经济性上的优势。

3）小型堆应急计划区划分尚未形成共识

由于小型堆在工程实践上较少，小型堆的应急计划区划分缺乏合适的标准，目前业内尚未形成对小型堆，特别是不同技术特征的小型堆应急计划区划分的共识，在应急计划区划分相关的源项选取、安全准则、确定方法上没有形成清晰的标准体系和指导文件。

对于小型堆来说，剂量限值是否应比压水堆更小以降低对公众的潜在风险；释放类事故的截断概率应选择 10^{-8}/堆·年还是其他值；计划区确定的方法和步骤是什么（如“七策略”方法、风险指引法等），这些看起来是个技术性问题，但这些技术指标和方法的确定包含或反映了很多社会因素，比如不同机构的立场、公众的接受度、地方经济发展规划、机组建设的经济性等。

4）多堆共址对小型堆应急计划区划分的影响

目前国内已建、在建的小型堆同场址同时建设了大型压水堆，从场址统一应急计划区的管理思路出发，将先建设的小型堆的应急计划区直接参照压水堆进行确定，这是一步到位的一种做法，也有利于尽早设置合理的规划限制区，对保障核电厂安全和地方经济发展之间的平衡具有积极意义。但如果某一个场址仅规划小型堆，不与大型压水堆同场址建设，则需要重新考虑小型堆的应急计划区划分的利益代价的平衡。对于仅建设小型堆的场址，参考压水堆的应急计划区范围显然与小型堆的潜在风险不匹配，过大的应急计划区划分对地方核应急机构的应急准备及应急响应造成了不必要的负担；同时过大的应急计划区将导致场址外设置的规划限制区也较实际需要更大，影响了场址所在地方的社会经济发展、公众对核安全的更多担忧甚至恐慌。

第六章　高温气冷堆核应急准备与响应的特点和优势

6.1　模块式高温气冷堆简介

6.1.1 模块式高温气冷堆技术发展历程

世界气冷堆的发展经历了早期气冷堆（镁诺克斯反应堆）、改进型气冷堆（AGR）和高温气冷堆（HTGR）等三个发展阶段，模块式高温气冷堆是 HTGR 技术发展的最新阶段。

1）模块式高温气冷堆-概念设计堆

美国、德国和南非等国对模块式高温气冷堆都进行了相关研究并提出了多种类型的概念设计。

德国发展的 HTR-Module 是最先提出的小容量模块式高温气冷堆的设计概念，其电功率为 80 MW，具有非能动的安全特性。

美国于 1983 年开展模块式高温气冷堆研究，于 1985 年完成了模块式高温气冷堆 MHTGR（Gas Turbine-Modular Helium Reactor）的概念设计，它与 HTR-Module 类似，反应堆和蒸汽发生器采用“肩并肩”的设计概念。

南非于 1993 年启动高温气冷堆核电厂的概念设计并于 1999 年完成，其模块式球床型高温气冷堆 PBMR（Pebble Bed Modular Reactor）以 HTR-Module 为基础，耦合采用 Brayton 循环的氦气透平发电机组，形成高温气冷堆-氦气透平直接循环发电机组。

美国与俄罗斯于 1993 年签订合作备忘录合作研发高温气冷堆 GT-MHR（Gas Turbine-Modular Helium Reactor）。GT-MHR 以 MHTGR 为基础并耦合氦气透平直接循环发电。

2021 年 4 月，X-energy 公司和 Kinectrics 公司签署合作协议，启动^{100}Xe 小型堆（SMR）研发并推动在加拿大、美国等世界范围的布局。

2）模块式高温气冷堆-建造堆

目前世界上模块式高温气冷堆已建造 3 台，分别为日本 HTTR（高温工程试验反应堆）、中国高温气冷实验堆（HTR-10）和中国球床模块式高温气冷堆核电厂（HTR-PM：High Temperature Reactor-Pebblebed Modules）。

因超高温气冷堆具有固有安全性并可提供超高温工艺热，日本于 1987 年将模块式棱柱型超高温气冷堆 HTTR（反应堆出口氦气温度 950～1 000 ℃）的研发列入长期发展计划。热功率 30 MW 的 HTTR 于 1990 年获得建造许可证、1998 年首次达临界。

自 20 世纪 80 年代开始，在“国家高技术研究发展计划”（简称 863 计划）的支持下，中国启动了 HTR-10 的研究与开发工作，并于 2003 年 1 月实现了满功率发电运行，标志着中国在高温气冷堆的技术领域进入国际先进行列。

在 HTR-10 的基础上，为了将高温气冷堆技术转化成商业堆技术，实现高温气冷堆技术产业化，国务院在 2006 年将 HTR-PM 作为 16 个重大专项之一列入了《国家中长期科学和技术发展规划纲要（2006—2020）》中，由中国华能集团公司、中国核工业建设集团公司、清华大学联合开展建设。2012 年 12 月 9 日 HTR-PM 浇注第一罐混凝土，2021 年 12 月 20 日实现首次并网发电（见图 25）。

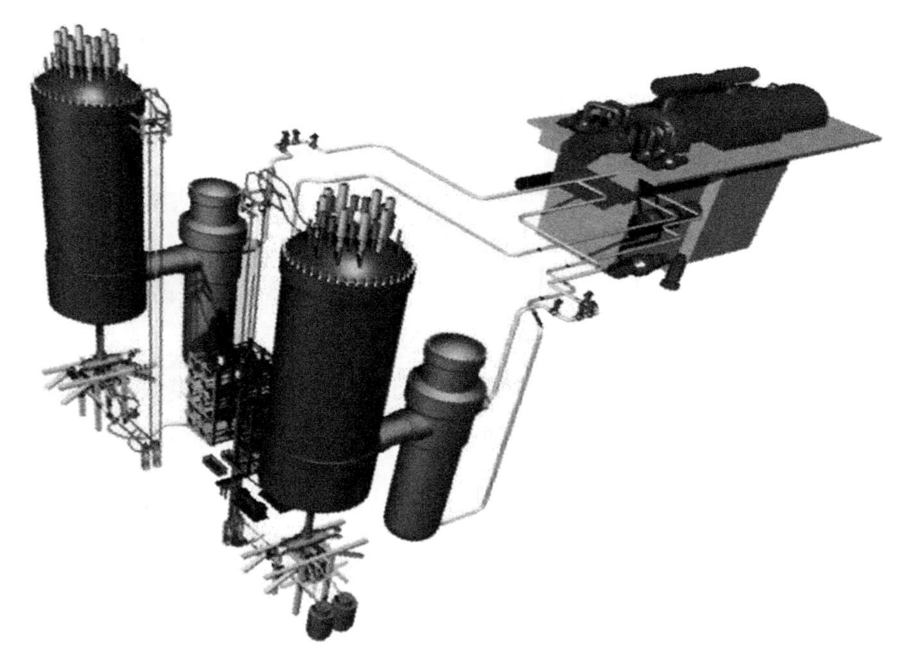

图 25　HTR-PM 两堆一机模型

6. 1. 2 模块式高温气冷堆的主要技术优势

以 HTR-PM 为例，它主要由反应堆、一回路系统、二回路系统、专设安全设施、电力系统、仪表与控制系统、放射性废物处理系统、辅助系统等系统设备组成，由两个完全相同且互相独立的核蒸汽供应系统模块（NSSS）耦合一个 20 万千瓦级汽轮发电机。每个 NSSS 模块包括一个核反应堆、一个主冷却剂系统、一套核辅助系统、一台蒸汽发生器、一套保护及控制系统等，两个 NSSS 模块具有独立运行能力，布置在同一个反应堆厂房内。电厂正常运行时两个 NSSS 模块协调工作，通过主蒸汽母管共同向汽轮机供汽。

HTR-PM 反应堆以高纯度氦气做冷却剂、石墨做慢化剂，设计运行压力为约 7 MPa（压水堆运行压力约 15 MPa）。反应堆运行温度较高，约 250 ℃的冷氦气进入堆芯吸收裂变热后可升温至约 750 ℃（压水堆运行平均温度约 290 ℃、热端温度约 310 ℃）。高温氦气流入蒸汽发生器后，将蒸汽发生器二次侧给水加热成约 570 ℃、14 MPa 的过热蒸汽，经蒸汽管道送至汽轮机进行做功；氦气被冷却后经主氦风机再送回至反应堆中，构成一回路闭合循环。

反应堆堆芯为球床式，由约 42 万个球形燃料元件堆积而成，堆芯四周由耐高温的石墨反射层和碳砖绝热层包围。球形燃料元件直径为 60 mm，以石墨为基体，内部均匀弥散约 12 000 个 UO_2 包覆燃料颗粒。反应堆在运行过程中，球形燃料元件不断地从堆顶进入堆芯，同时从堆底卸出一些经过裂变反应的燃料球，实现不停堆换料，每个燃料球平均通过堆芯 15 次后作为乏燃料卸出。

HTR-PM 反应堆消除了放射性大量释放的可能，并且安全设计上考虑了避免放射性释放到环境的多重屏障，包括燃料包覆颗粒、一回路压力边界以及专设安全设施等。

HTR-PM 专设安全设施的配置包括通风式低耐压型安全壳、余热排出系统、蒸发器事故排放系统、一回路隔离和二回路隔离系统等，与常见的压水堆有很大不同，具体如下：

1）特殊的通风式低耐压型安全壳。与压水堆的安全壳不同，通风式低耐压型安全壳不承受高压，无喷淋冷却、可燃气体控制、维持堆芯冷却剂总量、保持堆芯长期冷却等功能要求，这种设计即能够保证 HTR-PM 在正常工况和任何事故工况下释放出的放射性对周围环境造成的剂量均不超过国家规定的应急干预水平。

2）特殊的余热排出系统。每座反应堆设有三列相互独立的水冷壁及对应的空冷器，每列载热能力为 50%堆芯余热。其采用自然循环的非能动设计思想，不依靠外动力即能将反应堆停堆后的余热排至最终热阱大气，从而保证反应堆压力容器和舱室混凝土的最高温度不超过设计限值。

3）特殊的蒸汽发生器事故排放系统。HTR-PM 的一大运行特点是二回路压力远高于一回路压力，当发生蒸汽发生器传热管断管事故时，在主给水隔离阀关闭与主蒸汽隔离阀关闭的同时，该系统将蒸汽发生器内的存水、存汽迅速排到专用的排放罐中，减少进入反应堆内的汽水量以降低蒸汽对堆芯结构部件和燃料元件的损坏。

4）一回路隔离和二回路隔离系统。当发生一回路系统隔离阀下游破口、蒸汽发生器传热管断管等事故时，迅速隔离破口及蒸汽发生器，以尽量减少放射性释放的可能性、减轻事故工况后果。

作为具有第四代核电技术特征的堆型，以 HTR-PM 为代表的模块式高温气冷堆核电厂具有的主要技术优势如下。

1）固有安全性

采用耐高温陶瓷堆内构件、全陶瓷型包覆颗粒燃料元件、两套独立的反应堆停堆系统以及非能动余热排出系统等独特设计，从设计上消除了核电厂大量放射性物质释放的可能，具有第四代先进核能系统的安全特征。由于突出的固有安全特性，其应用能够不受内陆等地域限制。

2）核热非电应用

设计的反应堆堆芯出口温度 750 ℃、蒸汽发生器出口蒸汽压力和温度分别 13.9 MPa 和 571 ℃，属于高参数热源和汽源，因此更适合核热非电应用，可作为工艺热源直接或通过中间热交换器利用。

3）小型模块化

采用小型模块化设计，单机容量可根据区域需求和地理条件合理规划、建设，在开拓中、小型市场，如特定环境小型规模纯凝发电、城镇居民采暖供热等方面具有明显优势。

4）系统设备配置相对简单

HTR-PM 的系统只有 155 个，核岛设备约 4.5 万台，仅为压水堆的 55%～65%，因此降低建造和运维成本的潜力较大。

5）燃耗深、不停堆换料

所有堆型中高温气冷堆核燃料的燃耗最深，平均卸料燃耗可达 90 GWd/tU 以上，因此燃料利用率高，并为获得高转换比的钍铀增殖燃料循环创造了条件。采用不停堆连续装卸燃料方式可有效提升机组负荷因子。

6）机组热效率高

由于蒸汽初参数较高，机组热效率可达 42%～47%。当用于高温工艺热源和高温高参数汽源时，机组热效率可达 70%以上。

6.2 模块式高温气冷堆核应急的特点

以 HTR-PM 为代表的模块式高温气冷堆核电站在事故类型及可能的核应急响应要求方面，与常见压水堆核电站有着明显的不同。

6.2.1 HTR-PM 的事故类型

结合概率安全分析（PSA）、实际运行经验和工程判断对 HTR-PM 各种可能发生的事故序列和工况进行分类和分析，可以将 HTR-PM 典型的始发事件归纳成为六类事故：反应性事故、主换热系统事故、一回路失压事故、一回路进水事故、辅助支持系统事故、未能紧急停堆的各种预计瞬态（ATWS 事故）。其中前五类属于 HTR-PM 的典型设计基准事故，ATWS 则是压水堆等堆型中重点关注的一类超设计基准事故。

1）反应性事故

控制棒误提升将向堆芯快速引入较多正反应性，是后果最严重的一种反应性事故。根据 HTR-PM 的物理设计，假设在满功率运行工况下一根价值最大的控制棒被失控提出，会导致反应堆功率迅速上升并在几秒内达到停堆整定值。即使考虑控制棒超速提出、最长的停堆延迟时间、一回路压力控制调节系统失效等最不利的条件，反应堆功率也会由于燃料元件的负温度效应而下降，从而避免了反应堆功率的失控上升。物理计算表明，此类事故的整个升温升压过程中，燃料元件最高温度峰值约 1 142 ℃，远小于 1 620 ℃的设计限值；一回路压力峰值约 7.7 MPa，也低于安全阀开启压力。事故不会出现燃料破损和放射性物质的意外释放。

2）主换热系统事故

丧失厂用电源、丧失给水以及给水温度降低是最典型的几个始发事件，其中以丧失厂用电源后果最为严重。丧失厂用电源会立即造成主氦风机和给水泵停运，导致一、二回路冷却剂流量同时丧失，造成堆芯燃料温度和一回路压力升高。事故中考虑最长的停堆延迟时间和反应性价值最大的控制棒卡在堆外等最不利条件，反应堆功率也会由于燃料元件的负温度效应而下降甚至自动停堆。计算表明，电源丧失约 3.5 h 后燃料元件峰值温度将达到约 1 078 ℃，远低于 1 620 ℃的设计限值；一回路压力也始终低于安全阀的开启压力。事故不会出现燃料破损和放射性物质的意外释放。

3）一回路失压事故

一回路压力边界及与其直接相连管道的泄漏或破口都可能造成一回路失压事故，如果泄漏无法被及时隔离，一回路将彻底失压直到与环境压力平衡为止。事故分析中将一根连在压力容器上的直径 65 mm 管道在隔离阀前的双端断裂作为最严重失压事故工况。断裂发生瞬间一回路氦气会携带部分放射性沉积物迅速排放到安全壳舱室内，舱室内压力迅速升高，当舱室压力超过环境压力 0.02 MPa 时泄漏的气体将不经过滤直接排放到大气，直至十几分钟后泄放结束舱室压力与环境压力恢复平衡。泄放结束后核裂变反应会在停堆系统或燃料元件的负温度效应的作用下很快停止，堆芯剩余发热仅依靠热传导和辐射机制传出，通过对瞬时失冷失压事故进行分析，燃料元件峰值温度不会超过 1 490 ℃，距 1 620 ℃的设计限值还有很大的裕量，不会造成燃料包覆颗粒的附加破损。

4）一回路进水事故

HTR-PM 二回路压力远高于一回路，因此当蒸汽发生器传热管发生泄漏或破口后，蒸汽发生器内的水或蒸汽将进入一回路，并随着氦气流经堆芯。进水会向堆芯引入正反应性，引起反应堆功率和一回路压力升高。以蒸汽发生器一根传热管双端断裂作为最严重的始发事件，采取最保守的假设总进水量约为 600 kg，以该假设进行物理分析表明，停堆后一回路将在 20 h 以后升至安全阀的开启压力，部分一回路氦气及夹杂的部分放射性沉积物会排放到安全壳舱室内，直至压力降至 6.9 MPa 后随着安全阀的回座排放停止。排放的含有放射性的气体经事故负压排风系统过滤后通过烟囱排放到环境。需要说明的是，进水还会与堆芯石墨材料发生氧化腐蚀反应产生水煤气，但最大腐蚀比例仅有 3.5‰，基本不会造成燃料包覆颗粒的裸露和破损，因此不会影响燃料元件包容放射性裂变产物的性能。

5）辅助支持系统事故

主要包括反应堆辅助系统厂房内的氦净化系统一根管道破裂、放射性废液贮存罐的泄漏等始发事件，这类事故一般不会影响反应堆正常运行。受管道、储存罐容量限制，泄漏的放射性物质总量也不会很大，并可以通过设置的高效通风过滤系统或放射性废液处理系统进行处理，一般不会对环境造成放射性影响。

6）未能紧急停堆的各种预计瞬态（ATWS 事故）

ATWS 事故是一种发生频率极低的超设计基准事故，由于 HTR-PM 在设计上具有固有安全性，即使事故后控制棒不能插入，反应堆也能因堆芯热量无法载出、通过燃料元件温度升高而依靠自身的负反馈效应实现自动停堆。另一方面，HTR-PM 燃料元件和堆内构件具有很大的热容和热惯性，兼以氦气的物理特性使得反应堆停堆后堆内的升温升压过程非常缓慢，不会出现类似压水堆中冷却剂发生沸腾临界、燃料温度迅速升高损坏等现象，可以有足够的时间允许操作员采取各种缓解措施，如投入吸收球、主动冷却、对一回路进行压力调节等。因此分析结果表明，对于其他堆型重点关注的 ATWS 这类超设计基准事故，HTR-PM 反应堆能顺利停堆并长期保持安全可控状态，燃料元件温度、堆内部件温度、一回路压力等参数均不会超出设计基准事故所规定的限值，并不会造成不可接受的严重后果，也不需要迅速采取其他特别措施。这一分析结论也同样能够包络余热排出系统失效、压力容器破损、一回路进气、蒸汽发生器蒸汽联箱破裂等其他超设计基准事故类型。

以上的六类事故分析均不考虑操作员的干预，并假设第一停堆信号失效、价值最大的一根控制棒卡在堆外等不利因素。

6.2.2 HTR-PM 事故的放射性后果

对 HTR-PM 六大类事故序列的分析表明，一回路失压事故（65 mm 大连管断裂或 10 mm 仪表管断裂）、蒸汽发生器一根传热管双端断裂事故、反应堆辅助系统厂房内氦净化系统的一根管道破裂事故、放射性废液贮存罐的泄漏事故是具有放射性释放后果的典型事故。HTR-PM 燃料元件的设计特点保证了反应堆正常运行时，一回路的放射性水平很低，从而使得即使出现一回路压力边界破损或者安全阀开启的现象，在不考虑事故负压排风系统的过滤作用情况下所引起的向环境的放射性释放也远低于释放限值。

根据 HTR-PM 安全审评原则，稀有事故造成的厂区边界处（半径 500 m）个人有效剂量要小于 5 mSv，甲状腺剂量小于 50 mSv；极限事故造成的厂区边界处个人有效剂量小于 10 mSv，甲状腺剂量小于 100 mSv。具体分析以上几个典型事故的放射性释放源项及其辐射后果，计算表明 HTR-PM 事故工况导致的非居住区边界（半径 500 m）处剂量水平远远低于剂量验收准则（见表 14）。

表 14　各事故中非居住区边界公众成员（成人）个人剂量

单位：mSv

事故序列	一根大连接管（65 mm）破口失压（极限事故）		一根仪表管（10 mm）破口失压（稀有事故）		蒸汽发生器一根传热管双端断裂（稀有事故）		氦净化系统管道破裂（稀有事故）		废液贮存罐泄漏（稀有事故）	
剂量类	有效	甲状腺	有效	甲状腺	有效	甲状腺	有效	甲状腺	有效	甲状腺
非居住区半径	0.54	4.39	0.47	4.03	0.87	13.7	0.08	0.15	0.14	0.06
验收准则	10	100	5	50	5	50	5	50	5	50
份额占比/%	5.4	4.4	9.4	8.1	17.5	27.4	1.8	0.3	2.9	0.1

6.2.3 HTR-PM 的核应急特点与优势

核应急是核安全纵深防御的最后一道屏障。国内外的核应急实践都将确定厂址的应急计划区作为满足厂址安全、环境保护要求的重要因素，同时也作为制定核应急预案的重要技术基础，从而便于在事故的应急响应期间结合具体辐射影响对该区域实施紧急撤离、隐蔽、服用碘片、临时避迁等干预措施，及时有效地保护公众，免受核事故的放射性危害。

核电厂的应急计划区通常分为烟羽应急计划区和食入应急计划区，对于传统的水冷反应堆，其划分原则与方法主要遵照国标《核电厂应急计划与准备准则第 1 部分：应急计划区的划分》（GB/T 17680.1—2008）确定。HTR-PM 是具有第四代核电技术特征的新型反应堆，在功率上属于小型堆范围，且具有固有安全特征。但是由于中国在 HTR-PM 核应急管理方面尚无可借鉴的成熟经验，也尚未针对 HTR-PM 的技术特征制定专门的核应急标准或明确指导意见，因此高温气冷堆示范工程目前按照传统大型压水堆的标准和原则划分核应急计划区和确定核应急要求，按国家标准 GB/T 17680.1—2008 的下限设置了应急计划区（烟羽应急计划区内区半径 3 km、外区半径 7 km，食入应急计划区半径 30 km）。

总体上来说，无论是烟羽应急计划区还是食入应急计划区，其设置原则和大小的确定可以概括为在应急计划区之外，所考虑的后果最严重的事故序列使公众个人可能受到的最大预期剂量、所造成的食品和饮用水的污染水平不应超过《电离辐射防护与辐射源安全基本标准》（GB 18871）所规定的限值。

有别于传统的水冷反应堆，HTR-PM 固有安全的特性从技术上消除了事故导致放射性物质大量释放的可能性。事故分析也表明，对于 HTR-PM 后果最严重的一回路大破口失压事故和一根蒸汽发生器传热管断裂事故，在反应堆半径 500 m（非居住区半径）处所造成的公众成员最大个人有效剂量和甲状腺剂量仅为 0.876 mSv 和 13.7 mSv，最大分别是隐蔽、撤离和碘防护等干预水平值的 8.43%、1.91%和 13.80%；对食品的污染也只有在 500 m 范围以内才可能以极低的概率超过 GB 18871 中规定的食品通用行动水平。而按照事故条件下相同放射性剂量标准测算，HTR-PM 的“三区”（非居住区、规划限制区、应急计划区）半径较主要适用于压水堆/重水堆的现行标准要求可大大缩小（见表 15）。

表 15　相同剂量标准测算的 HTR-PM“三区”半径与现行标准要求（取较小值）对比

堆型	非居住区半径/m	规划限制区半径/m	烟羽应急计划区半径/km
HTR-PM（测算值）	200~350	200~350	0.02~3
压水堆/重水堆	500	5000	7~10

2016 年在 HTR-PM 简化场外核应急计划的技术可行性论证成果验收审评会上，审评组专家认为：“HTR-PM 实际消除了堆芯熔化和放射性大量释放的可能性，从技术上可以减小烟羽应急计划区范围，简化场外应急”。2017 年国家核应急办认可了 HTR-PM 从技术上可以考虑适当优化场外应急准备内容。

实际上，固有安全性和相对较低的放射性释放量，成为考量模块式高温气冷堆核应急方面最大的特点和优势，基于概率安全分析方法对 HTR-PM 事故序列的测算结果证明了模块式高温气冷堆的应急计划区可以限制在场区边界以内，即对于模块式高温气冷堆取消场外核应急从技术上是可行的。因此，作为目前世界最先进的已商用第四代核电技术，有必要进一步就适用于模块式高温气冷堆这种先进堆型的核应急标准进行专门研究，从而在今后的模块式高温气冷堆项目建设中显著提高选址灵活性、最大限度地降低社会沟通成本、并进一步消除我国公众对核电站建设的担忧。

第七章 内陆模块式高温气冷堆应急计划区划分探讨

7.1 小型模块化反应堆场外应急国内外研究概况

应急计划是核安全纵深防御原则的最后环节，确定核电厂址的应急计划区是满足厂址安全、环境保护要求的重要因素，也是制定应急计划的重要技术基础。国内外的场外应急实践研究表明，核电厂通常会在场址区域外划定应急计划区，以便于在事故的应急响应期间结合具体辐射影响考虑对该区域内实施紧急撤离、隐蔽、服用碘片等应急干预措施。针对事故中后期特点，应急干预措施还包括临时避迁及永久再定居等。

中国国家核安全局于2012年发布的《核安全与放射性污染防治“十二五”规划及2020年远景目标》明确要求：“十三五”及以后建设的核电机组，力争实现从设计上实际消除大量放射性物质释放的可能性。2016年发布的《核动力厂设计安全规定》（HAF 102-2016）进一步明确“必须实际消除可能导致高辐射剂量或大量放射性释放的核动力厂事故序列；必须保证发生频率高的核动力厂事故序列没有或仅有微小的潜在放射性后果。安全设计的基本目标是在技术上实现减轻放射性后果的场外防护行动是有限的甚至是可以取消的”。“实际消除”属于高级别安全目标（L2），这是对顶层安全目标（L1）的进一步阐述，从1999年的INSAG-12到2004年的NS-G-1. 10再到2016年的SSR2/1，IAEA逐步完成了对“实际消除”概念的搭建并明确了要求，进而在2016年的IAEA-TECDOC-1791中进行了阐述。中国、欧洲接纳了“实际消除”的概念，并在法规、标准中予以了体现；美国采用风险控制概念来进行核电安全监管，基于两个千分之一的安全目标从而实现核电厂不会显著增加社会风险的顶层安全目标，虽没有引入实际消除概念，但对新建核电的实质要求相似。另外，根据调研，目前尽管已有一些技术文献（如IAEA-TECDOC-1791）对“实际消除”的具体实施进行了指导，但为了在工程中更具可操作性，还需制定更为具体的评价准则。

2017年，国家核事故应急办公室发布《关于印发陆上小型压水堆核应急工作指导意见（试行）的通知》（国核应办〔2017〕29号），明确了我国小型堆核应急应遵循的工作原则：小型堆核应急坚持纵深防御原则、小型堆应急计划区应进行合理划定、小型堆应急计划区的范围推荐值不大于3 km、小型堆核应急准备内容可适当优化，但未对高温气冷堆做出明确的指导意见。

近年来，考虑到先进反应堆的安全性能较传统堆型显著提升，美国和欧洲等国提出了场外应急简化要求，主要聚焦于烟羽应急计划区的缩小或免除部分应急干预措施。如 EPRI 研究将烟羽应急计划区边界设定为 800 m（相当于厂址边界）、EUR 提出了场外有限影响而不需要各种迁移行为等。除此之外，美国小堆出于经济性的考虑，也将不再沿用 16 km 的烟羽应急计划区半径，并拟对区域范围进行缩小。一旦烟羽应急计划区的边界范围缩小到厂址边界，事故后的辐射影响将限定在场内，实质上也就达到场外应急简化的效果。在场外应急简化的评价范围方面，应以厂址边界为界限，可覆盖对紧邻核电厂公众的影响；时间跨度方面，应以事故为起点，对事故早期照射阶段、中期照射阶段、晚期照射阶段进行全面要求，可覆盖所有时段的影响。应急干预措施方面，URD 提出了 24 h 内不需要采取紧急撤离；EUR 提出了不需要紧急撤离、不需临时避迁、不需要永久再定居；法国与德国提出了紧邻核电厂区域外无需紧急撤离，仅需有限的隐蔽。总体上，主要聚焦于不需要实施各种迁移行为。而隐蔽、服用碘片等防护行动有利于限制放射性释放对周围公众的影响，基本上都被保留下来。

中国目前在国际上处于高温气冷堆研究领域的前沿，拥有世界首座具有第四代先进核能系统特征的球床模块式高温气冷堆商业示范核电厂（HTR-PM）。2021 年 12 月 20 日，HTR-PM 在山东石岛湾首次并网发电。高温气冷堆技术历经了基础研究、实验堆建设、示范堆建设，实现了“自主设计、自主制造、自主建设、自主运营”，在国际上处于领先地位。高温气冷堆具有固有安全性，保证在任何事故下，反应堆燃料元件的温度不超过设计限值 1 620 ℃，球形陶瓷燃料元件能够保证在温度不超过 1 620 ℃的条件下，燃料元件保持完整，放射性裂变产物几乎全部阻留在燃料颗粒内，从根本上消除了堆芯熔化和放射性物质大量释放的可能性。

高温气冷堆虽在功率上属于小型堆范围，但国内监管机构未针对这种具有本质安全特性的堆型做出明确的指导意见。2016 年 HTR-PM 项目开展了高温气冷堆烟羽应急计划区测算研究及简化场外应急计划的技术可行性论证工作，在成果验收审评会上，审评组专家认为：“与压水堆核电厂相比，HTR-PM 从技术上具备了减小烟羽应急计划区的可能性。在项目推进过程中对烟羽应急计划区进行适当的优化是可行的，对推进高温气冷堆核电站项目具有重要意义。同时，高温气冷堆具有固有安全特性，实际消除了堆芯熔化和放射性大量释放的可能性，因此从技术上可以减小高温气冷堆核电厂的烟羽应急计划区范围，简化场外应急”。2017 年经与国家核应急办沟通，确定高温气冷堆作为中国具有第四代核能系统安全特征的核电机组，因其固有安全特性，实际消除了堆芯熔化和放射性物质大量释放的可能性，从技术上可以考虑适当优化场外应急准备内容。综合上述背景，高温气冷堆的固有安全特性从根本上消除了堆芯熔化和放射性物质大量释放的可能性，简化场外应急甚至取消场外应急在技术上是可行的。

但考虑到厂址规划中包括不同机型的多台机组和公众可接受度的影响，目前 HTR-PM 的应急工作仍按现有核应急标准 GB/T 17680 系列《核电厂应急计划与准备准则》开展，该标准主要包含 12 个部分，以压水堆核电厂为主要对象，HTR-PM 可执行该标准中场内应急响应职能和组织机构、核应急练习与演习的计划、准备、实施与评估等通用内容。

7.2　内陆模块式高温气冷堆的优势

以“华龙一号”为代表的压水反应堆从设计上已经吸收了日本福岛核事故的教训，很大程度上解决了失电后核反应堆的安全问题，但由于堆型上的局限性，依旧不能杜绝像海啸等自然灾害的发生所带来的安全问题，而模块式高温气冷堆从设计上具有固有安全性，在运行和事故工况下均不需要大量的水来冷却，其安全性大幅提升，因此可以建在内陆地区甚至城市负荷中心，城市供电及核能综合利用将更加便捷高效。

同时，模块式高温气冷堆所具有的可提供高品质工艺热源和高参数蒸汽、可小型模块化设计和建造、发电效率较高、对环境友好等特性，是其相对于其他堆型的根本优势，是国际上公认具有四代核电特征的先进堆型之一。由于其堆芯出口温度能达到 700~950 ℃，能广泛应用于高效发电、高温工艺供热、海水淡化、核能制氢及冶金等行业，再加上其固有安全特性，将为我国内陆核电发展、“碳达峰”“碳中和”目标提供强大助力。

涉及内陆地区甚至城市负荷中心的核能利用，核应急最优化是关键，其重点在于提高核能的安全性，将核电厂事故影响限定在场内，极大程度上消除对周围公众的潜在辐射风险，从而取消场外应急，有利于降低对周边经济发展方面的规划限制，使得模块式高温堆选址更灵活，更符合中国大陆人口密度高、城镇化水平不断提高的现状，也有利于增强公众对第四代先进核能的接受度。

在保证核安全的基础上实现应急计划区和核应急要求的优化，将使模块式高温气冷堆能够贴近用户开发，切实提高模块式高温气冷堆的经济性，可充分利用模块式高温气冷堆已有的技术优势，从而提升在核能制氢、热电冷联产及高温工艺热等领域多功能综合利用的发展前景，实现更加高效的核能利用，也将为碳达峰、碳中和提供技术路线，为中国大陆核能转型和发展做出贡献。

全国政协常委、中国核学会理事长王寿君在 2022 年全国两会上建议推动高温堆与高耗能企业耦合发展。王寿君指出，高耗能企业面临紧迫的碳约束。根据国际能源署统计，在 2019 年中国大陆的碳排放总量中，化石能源燃烧排放占比达 99.7%；源自电力和热力生产过程排放的占比超过 50%，工业占 28%，能源电力行业是中国大陆推动碳减排的重点领域。高耗能企业的用能需求主要集中在电、热、氢等方面。高温堆蒸汽温度可达 500 多℃，可以通过汽轮机抽汽，实现热电联产，用于 100~400 ℃不同参数的工业和民用供热/供汽市场。

7.3 内陆模块式高温气冷堆应急计划区划分

以下对内陆模块式高温气冷堆核动力厂应急计划区划分提出了通用准则，给出了确定内陆模块式高温气冷堆核动力厂应急计划区范围的方法。

7.3.1 应考虑的事故

1）确定核动力厂应急计划区时既应考虑设计基准事故，也应考虑设计扩展工况，以使在所确定的应急计划区内所做的应急准备能应对各种严重程度不同的事故后果。

2）对于发生概率极小的事故，在确定核动力厂应急计划区时可以不予考虑，以免使所确定的应急计划区的范围过大而带来不合理的经济负担。

3）对于设计基准事故，应从全部设计基准事故中选取后果最为严重的设计基准事故，采用保守方法和模型开展应急计划区测算。

4）对于设计扩展工况，将应急基准释放类的发生频率和应急源项作为测算应急计划区的输入，测算可以采用现实方法和模型。

5）高温气冷堆核动力厂可能由单机组或多机组组成，每台机组通常采用多套核蒸汽供应系统模块（反应堆和蒸汽发生器）连接一台汽轮发电机组，每台机组能独立运行，拥有独立的核岛和常规岛。事故分析、源项分析和概率安全分析均以机组作为分析对象。

7.3.2 确定应急计划区的安全准则

1）在应急计划区之外，高温气冷堆核动力厂设计基准事故导致个人剂量不超过 GB 18871—2002 所规定的紧急防护行动的通用优化干预水平。

2）在应急计划区之外，高温气冷堆核动力厂设计扩展工况导致个人剂量在绝大多数情况下不超过 GB 18871—2002 所规定的紧急防护行动的通用优化干预水平。

3）在应急计划区之外，高温气冷堆核动力厂应急基准释放类中后果最为严重的释放类导致的个人剂量不会达到 GB 18871—2002 所规定的任何情况下都必须采取干预行动的剂量水平。

7.3.3 应急计划区测算方法

1）应急基准释放类的选取

（1）对于设计基准事故，应从全部设计基准事故中选取后果最为严重的设计基准事故作为应急基准释放类。

（2）对于设计扩展工况，应采用概率论的方法，综合考虑发生频率和辐射后果的影响，从核动力厂的事故序列导致的释放类中选取具有代表性的释放类作为应急基准释放类。应急基准释放类应能够覆盖大多数设计扩展工况，从而使应急计划区外可能超过紧急干预水平的剩余风险尽量低。

2）应急源项分析

（1）对于每个应急基准释放类，应定量确定放射性源项，包括释放到环境中的放射性核素的组成、形态、活度、释放方式以及这些释放特征随时间的变化。

（2）设计基准事故源项，应采用审管部门认可的源项分析程序和分析方法，考虑适当的保守性。

（3）设计扩展工况源项，结合事故序列特征采取现实的模型和合理的假设。采用的模型和假设应有高温气冷堆裂变产物行为及放射性释放的实验成果或运行经验作为依据。

3）气象数据

（1）应选用厂址区域最近一年有观测记录的气象数据。

（2）应评估气象数据的质量和完整性，确保气象数据测量和处理系统的可靠性，应能使同时观测的数据的联合获取率大于90%。气象数据有效性应符合HAD 101/02的相关要求。

（3）气象数据的选取应包括全年逐时的风速、风向、大气稳定度、降雨量以及混合层高度等，以体现其时间和区域的代表性。

（4）应对气象数据进行统计分析，确定有雨或无雨条件下的风向、风速、稳定度的联合频率分布。

（5）气象数据应满足所选大气弥散模型对数据的需求。

4）大气弥散模型

（1）应确定适合所考虑距离范围内的大气弥散模型，如高斯烟羽弥散模型。或采用其他更先进的弥散模型。

（2）应确定适合所考虑的区域和距离范围内的特征大气弥散参数。

（3）应确定近场效应的处理方法，包括地面释放、高架释放、建筑物尾流效应、熏烟以及烟羽的抬升等。

（4）应考虑烟羽在弥散过程中干、湿沉降的损耗及其影响。

5）照射参数

（1）应确定相关的照射途径，包含来自大气释放的气载和沉积放射性造成的外照射（地面外照射和烟云外照射）和内照射（吸入气载放射性物质导致的内照射）。

（2）如果有必要的话，应该确定有关受照人群的地理分布。评估中心线的峰值剂量时可不考虑厂址周围人口分布的影响。

（3）应确定照射参数，包含屏蔽因子、呼吸率、照射时间以及剂量转换因子等，相关参数的选取应是审管部门推荐或认可的。

（4）在照射时间和屏蔽因子等的确定过程中，不应考虑预先计划的防护行动，如撤离或者隐蔽。

6）剂量评价

（1）确定论后果评价

不考虑事故的发生频率，采用剂量转换因子，结合释放的源项、大气弥散和照射参数进行剂量评估，得到剂量-距离曲线，并将剂量-距离曲线与剂量准则进行比较。对于设计基准事故，应采用保守的大气弥散条件，选择全厂址95%概率水平和各方位99.5%概率水平中较大的大气弥散因子。

（2）概率论后果评价

应评估气象条件的变化导致剂量超过剂量准则的可能性。应确定剂量评估结果（具有反映气象条件变化分布的特征）与剂量准则（某一单一的剂量值）进行比较的方法。如剂量准则可能与平均值、中位值，最大值或者一些其他的统计分布进行比较。

对于设计扩展工况，应评估气象条件的变化导致剂量在不同距离处超过剂量准则的气象条件概率，并根据设计扩展工况对应的应急基准释放类频率对结果进行加权汇总，评估大多数设计扩展工况事故序列在不同距离处剂量超过剂量准则的条件概率。

7.3.4 应急计划区的确定

对于单机组高温气冷堆核动力厂，应急计划区的范围以反应堆厂房为中心，参照测算得到的距离为半径来确定。

对于多机组高温气冷堆核动力厂，应确定一个统一的、包络的应急计划区。

确定应急计划区的实际边界时，应考虑核动力厂周围的具体环境特征（如地形、行政区划边界、人口分布、交通和通信等）、社会经济状况和公众心理等因素，使最终划定的应急计划区的实际边界（不一定是圆形）符合实际，便于进行应急准备和应急响应。

测算得到的应急计划区范围小于厂址边界时，建议无需场外应急。

应急计划区具体范围由营运单位经系统论证后提出建议，按规定程序确定。

7.4 模块式高温气冷堆场外应急要求优化建议

核电厂场外应急的要求及其具体实施，不仅取决于核电厂的安全水平，还取决于法规要求，以及公众可接受度。模块式高温气冷堆虽然具有固有安全性，消除了堆芯熔化和大量放射性释放的可能性，但坚持纵深防御原则，开展核应急准备与响应还是必要的，以下结合现行标准对高温气冷堆核动力厂场外应急优化提出如下原则性建议：

1）事故早期进行3 km范围的野外辐射监测、取样与分析。

2）地方应急组织结合本省核设施分布情况，在去污洗消、污染控制、辐射防护等方面维持一定的能力，事故情况下根据后果评价和监测结果，需要时适当依靠国家及地方的相关力量。

3）核电厂营运单位可降低甚至取消用于缓解事故后果的移动式应急电源配置。

4）核电厂营运单位在 3 km 范围内适当建设固定式自动环境监测站，配置野外抛投式监测设备作为环境监测的补充，在事故时监测放射性释放情况。

5）场外辐射防护行动建议主要集中在事故中后期食品、饮用水的控制方面，对事故早期的隐蔽、撤离、服碘等防护行动无需提供建议。

6）适当简化或减小场内场外联合演习规模和范围，可开展范围较小的联合演习，主要集中在公众饮用水、食品放射性水平超过干预水平情况下的干预。

第八章　中国核应急主要成就及发展展望

随着现代社会的不断进步和发展，核能被广泛地应用于各个领域，如能源、医疗和科研等。但是，核能作为一种高风险的能源来源，核事故的发生可能会对人类健康和环境造成严重危害，因此，核应急技术的发展具有重要的意义和潜力。

为了应对核事故，国际社会已经建立了一系列核应急体系，旨在加强核应急管理和应对措施，提高核事故响应的速度和准确性，以尽量减少事故对人类和环境的影响。

我国党和政府以及各级核应急组织对核应急工作高度重视。近些年来，特别是“十三五”期间，中国核应急工作取得很大的进展，取得了一批科技创新成果，部分成果达到国际先进水平。

8.1　核应急工作主要成就

“十三五”期间，在国家核应急协调委员会的统一部署下，全国核应急系统各级部门、单位，团结奋进，扎实工作，核应急工作取得重大进展，核应急能力整体显著提升。

国家核应急机制法制进一步得到完善。调整充实了国家核应急协调委组成部门，完善国家核应急协调委工作机制，健全专家委员会工作规则。《核安全法》颁布实施，《原子能法》立法工作有序推进，制定发布了《核应急预案管理办法》《核事故信息发布管理办法》《省级核应急场内外联合演习指南（试行）》等规范性文件十余份；国家核应急协调委成员单位相继出台了一系列核应急规范性文件；省级核应急法治建设工作取得突破；核设施营运单位持续完善核应急相关制度规范。

国家预案体系建设得到持续深化。为了适应新时代核应急工作新形势、新任务、新要求，完成了《国家核应急预案》修订；实施预案科学化管理，完善预案审查备案制度，研究推进预案标准化、数字化、可视化建设；国家核应急协调委成员单位、省（区、市）核应急管理机构、核设施营运单位及相关涉核集团公司（院）根据职责分工，完成本级预案及执行程序的修订。

指挥体系建设取得重要进展。国家核应急指挥中心及专用网络建设项目立项并开始建设。部分省级、涉核集团公司（院）完成核应急指挥中心改造或建设；核设施营运单位所在市（区、县）核应急前沿指挥所以及核应急机动指挥平台建设得到加强；边境地区涉核突发事件应急体系逐步完善。

技术支持和救援能力显著提升。建成中国核应急救援队，补充完善国家级核应急专业技术支持中心和救援分队建设，推进核应急资源共享，规范技术支持和救援力量的建设和运行管理；区域性核事故环境辐射监测网络、医学救援能力形成；相关省推进技术支持和救援力量建设、资源管理和跨省区域合作成效显著；涉核集团公司（院）应急支援基地和场内快速支援分队能力基本形成。

科技创新水平逐步加强。乏燃料公海铁联运、新型反应堆、涉核航天器等核应急研究取得阶段性成果；完成后果评价与决策支持系统的国产化开发工作；开展新一代核应急指挥平台应用技术研究；国产智能机器人、先进应急辐射监测技术、大气及海域核污染扩散评估与应用技术取得突破性进展；开展高分、北斗卫星等在核应急工作中应用研究。相关省、涉核集团公司（院）及核设施营运单位积极推进核应急科研成果在工作中的应用，促进核应急科技成果转化。

公众沟通深入推进。发布《中国的核应急》《中国的核安全》白皮书；宣贯《核安全法》；推进核应急舆情监测平台、新闻发言人制度建设；打造“央视媒体核电行”“核+X创意大赛”“科普中国，绿色核能”“核能公众沟通大会”等优质科普宣传活动品牌；结合全民国家安全教育日、防灾减灾日等契机主动作为，充分依托现有的科普场馆、网络媒体普及核知识和核应急常识，宣传核应急政策等核科普知识，探索核应急安全科普知识进校园、进课堂，不断提升公众接受度。

核应急交流合作拓展深化。通过多边、双边机制积极履行《及早通报核事故公约》《核与辐射紧急情况援助公约》，出席核应急主管当局履约大会，参加 IAEA 公约演习；强化与 IAEA 在核应急领域的合作，加入 IAEA 核与辐射应急准备与响应能力建设中心并承办 IAEA 辐射应急管理地区学校相关任务，在亚欧会议、打击核恐怖主义全球倡议（GICNT）、核安全问题联络小组（NSCG）等多边框架下，承办核应急相关研讨会，推进多边对话交流；推进与“一带一路”倡议沿线国家、核电出口国家的核应急合作交流，签署《中国国家原子能机构和巴基斯坦原子能委员会关于在核应急管理系统与应急准备和响应领域开展合作的谅解备忘录》等。

8.2 未来核应急工作展望

“十四五”国家核应急工作规划明确核应急工作坚持的五项原则：

坚持统筹协调，落实责任。在党中央的集中统一领导下，充分发挥国家核事故应急协调委员会作用，统筹国内国际两个大局谋划核应急工作，各部门、各级核应急组织按照明确的职责分工，做好核应急准备和响应各项工作。

坚持关口前移，预防为主。坚持以人民为中心，从源头上防范化解重大安全风险，加强风险评估和监测预警，提升风险早期识别和预报预警能力，确保核应急各项措施提前落实到位。

坚持军民融合，资源共享。坚持全国一盘棋，坚持军民融合统筹发展的体制机制，充分发挥中央、地方、军队和各方面积极性，完善军地合作运行机制，强化信息资源共享共用，推进军地核应急工作的深度融合。

坚持平战结合，高效准备。围绕适应新形势下核应急响应需要，开展应急准备，固根基、扬优势、补短板、强弱项，定期组织实施效果的监督检查和评估，保持和提升核应急能力，确保核应急准备的针对性和响应的有效性。

坚持改革创新，增强实力。把新发展理念贯穿于核应急工作全过程，勇于探索，攻坚克难，增强自主创新能力，提升技术实力，促进产学研深度融合，为核应急工作高质量发展、核应急响应科学化决策提供保障支撑。

未来，国际局势复杂多变对核应急工作提出新挑战，提高国家治理体系和治理能力现代化对核应急工作提出新期待，推进核事业安全有序发展对核应急工作提出新需求。随着科技的不断进步和技术的更新，核应急技术也必将继续不断创新和发展。

核应急法规将进一步得到完善。推进《原子能法》《核损害赔偿法》立法，推动《核事故应急管理条例》立法；相关省（区、市）核应急管理机构健全完善符合地方实际的核应急法规；修订《核电厂核事故应急准备专项收入管理规定》《省级核应急指挥中心建设指导意见》，制定核应急设施与场所建设、核应急资源配备等指导性文件。

核应急工作标准化建设将不断深入。做好核应急标准体系建设顶层设计，促进核应急工作规范化管理。修订《核电厂应急计划与准备准则》等系列标准，编制核应急术语标准，如农产品放射性监测方法标准、放射性核污染农产品取样方法和检测方法标准、核应急扩散气象模拟与评价产品标准、核应急响应终止工作导则等。

国家级核应急专业力量将不断得到强化。核辐射紧急医学救援基地和核应急急救与危重症救治中心、海洋放射性应急监测平台、交通运输服务平台等一大批高质量平台将建成，届时国家核应急专业力量将得到本质上的提升。

技术支持体系将高效运转。以国家核应急技术支持中心、国家级各专业技术支持中心为支撑，构建“1+N”的核应急技术支持模式，推进国家核应急指挥平台与相关技术支持中心指挥平台的融合、构建形成一体化指挥平台，提高辐射监测、气象监测预报等各类核应急相关数据时效性，充分发挥各技术支持中心专业优势，系统提升国家核应急技术支持水平；强化核应急技术支持平台的管理和运维，提升核应急技术支持效能。

核应急决策支持水平将得到本质提升。推进国产化核事故后果评价与决策支持系统研发应用，组织开展比对工作，强化省、涉核集团公司（院）、核设施营运单位核应急技术支持能力建设，建强省级核应急专家队伍，提升核应急指挥决策科学化水平。利用国家气象台网、海洋监测台网、地震台网等建立国家级风场、海洋和地震监测预警、预报系统，开展全国核设施及周边区域辐射水平航空调查并建立航空监测数据库，推进高分辨率卫星、北斗卫星等先进技术在核应急领域的应用，建立核设施基本数据库和环境资料库（卫星影像、地形、地下管线、土地利用、人口）。研究利用通信大数据分析支撑核应急决策处置，掌握核设施周边人员分布、健康与卫生监测以及突发事件发生后的人员撤离等情况。开展大范围核应急辐射监测预警及工程化应用技术研究。研究利用遥感和信息技术，建立包括放射性本底水平、核电站周边农业生产基础数据库，深入开展我国复杂下垫面（城市和山区）高分辨率大气扩散模拟技术研究。总结汲取核辐射损伤经验教训，加强核辐射损伤医学救援关键技术研究应用。

核应急装备研发将日新月异。提升核应急专用装备国产化、自主化水平，增强通用装备体系化、型谱化设计，开展先进的、集成的、系列化的人员防护装备、辐射远距离探查和操作装备、去污洗消装备、回收装备等研制，建设集技术研发、性能测试、可靠性验证、工程示范应用验证等平台于一体的核应急智能装备技术研发及示范应用基地。加强核设施周边通信基础设施可靠性建设，推进通信基站等设施加固改造；加强应急通信保障专用装备研制和使用，预置免维护、耐高温、抗辐射的小型便携通信装备。增强海洋环境核应急处置装备的研究，利用现有的移动方舱、抛投式自动站、航测系统等陆基监测装备执行海洋应急监测的技术改造。增强核事故放射性废物处理处置技术研究，开展可移动、模块化、一体化的技术及装备研发，提高核事故污染物处理处置能力。

核应急基础研究将更扎实。以核应急响应行动需求为牵引，组织开展人员防护、事故抢险、辐射监测、医学救援、污染处置、市场调控、信息发布、舆情引导、环境修复等特点规律研究。开展现有核设施应急计划区调整优化研究；开展新型反应堆应急计划区划分、应急行动水平和操作干预水平的制定，开展空间反应堆不同阶段、钚同位素热源（电源）陆地发射阶段、后处理厂等核应急特点以及核辐射远后期救治法规和关键剂量参数估算标准本土化研究，围绕核设施严重核事故机理、演化规律以及缓解措施、基于概率安全分析（PSA）的核事故机组状态诊断与分析系统、航空多源数据融合技术、核设施核活动事故工况进程模型和实验研究、核应急事故源项研究及验证、污染物精细化扩散模拟和后果评价、核应急绩效指标体系应用等提升核应急基础研究水平。

核应急技术将更加注重信息化和智能化。利用先进的电子技术和大数据技术进行辐射监测和态势分析，实现快速反应和应对，提高核应急事故的应对能力和处理效率。在核事故处理方面，自主研发和引进高科技的防护装备和设备，将成为提高事故应对能力的重要手段，如先进的辐射防护服和高效的污染清洁设备等。在核电站建设方面，新型的小型核电站将逐渐成为核能发展的重要趋势，小型核电站采用先进的设计和技术，可以大大减小事故风险，提高应急预警和响应能力，内陆核电在滨海核电建设技术与管理经验的基础上，在应急领域也必将取得质的突破。

小型堆核应急工作将取得实质性进展。总体应遵循国家核应急工作方针政策，按照核应急法律法规标准和《国家核应急预案》等要求，围绕核应急“保护公众、保护环境，维护社会稳定秩序，保障人民安全和国家安全”这一基本目标组织开展相关工作。在这一总要求下，小型堆的核应急工作应注意两个方面：一要充分考虑小型堆特性。小型堆具有功率低、放射性积存量较小等特点，对场外应急准备应根据堆型特点等情况，综合评估后适当优化准备内容。二要满足“一址一议”要求。小型堆的厂址具有多样化特点，每个厂址各不相同，在场外应急准备中，既要考虑技术上先进的设计理念，更要充分考虑厂址区域所在地的自然和社会环境及公众接受度等因素，合理确定场外应急工作内容。

核应急是为了控制核事故、缓解核事故、减轻核事故后果而采取的不同于正常秩序和正常工作程序的紧急行为，是政府主导、企业配合、各方协同、统一开展的应急行动。核应急事关重大、涉及全局，对于保护公众、保护环境、保障社会稳定、维护国家安全具有重要意义。随着先进核能技术的发展，核应急技术的发展前景非常广阔。

在未来，中国将坚持总体国家安全观和理性、协调、并进的核安全观，多措并举，综合施策，不断增强核安全应急能力，扎实做好核应急工作。坚持发展与安全并重，以安全为前提发展核能事业，使核应急与核能发展协调并进；坚持能力与需求匹配，适应核能事业发展要求，不断提升核应急能力，确保核应急响应及时有效；坚持国内与国际交流，继续深化核应急领域国际合作，推进建立面向未来的国际核安全应急体系，国际社会共享和平利用核能事业成果；坚持当前与长远兼顾，着眼中国和世界核能事业发展大势，前瞻谋划核应急工作，确保筹划在先、准备在先、预防在先，增强主动性、掌握主动权。

中国的发展离不开世界，世界的发展也离不开中国。中国将积极参与构建国际核安全应急体系，与国际社会一道，共同解决核应急领域面临的重大课题。中国有信心、有能力不断提升核应急准备与响应水平，为实现持久核安全、实现核能事业造福人类作出贡献。

缩略语索引

为便于阅读，本节对书中出现的缩略语进行说明，如下：

FEMA：Federal Emergency Management Agency，联邦应急管理机构。

NRC：Nuclear Regulatory Commission，美国核管理委员会。

EPA：U. S Environmental Protection Agency，美国环境保护署。

IAEA：International Atomic Energy Agency，国际原子能机构。

ENSREG：European Nuclear Safety Regulators Group，欧洲核安全监管组织。

INSAG：International Nuclear Safety Group，国际核安全咨询组。

URD：Utility Requirements Documen，用户需求文件（美国）。

EUR：European Utility Requirements Document，欧洲用户需求文件。

PWR：Pressurized Water Reactor，压水堆。

BWR：Boiling Water Reactor，沸水堆。

PHWR：Pressurized Heavy Water Reactor，重水堆。

HTGR：High Temperature Gas-cooled Reactor，高温气冷堆。

LMFBR：Liquid Metal Fast-breeder Reactor，液态金属快中子增殖堆。

HTR-PM：High Temperature Reactor-Pebblebed Modules，球床模块式高温气冷堆。

MOX：Mixed oxides，混合氧化物。

PRA：Probabilistic Risk Analysis，概率风险分析。

SMR：Small Modular Reactors，小型模块化反应堆。

EPZ：Emergency Plan Zone，应急计划区。

PAZ：Precautionary Action Zone，预防行动区。

UPZ：Urgent Protective Action Zone，紧急防护行动计划区。

LPZ：Long-term Protective Action Action Zone，长期防护行动计划区。

EPD：Extended Planned Distance，扩大的计划距离。

ICPD：Intake And Commodity Planning Distance，食入和商品计划距离。

参考文献

【1】Nuclear Power Status [R]. Vienna: IAEA.

【2】Nuclear Power Reactor In The World [R]. Vienna: IAEA, 2023.

【3】Word Nuclear Performance Report 2022 [R]. London: World Nuclear Association, 2022.

【4】Nuclear power plant emergency planning schools & childcare providers [R/OL]. www.slocounty.ca.gov/OES/schools, 2017.

【5】Stanley E. Ritterbusch. Next Generation Nuclear Plant-Emergency Planning Zone Definition at 400 Meters [R]. USA: Westinghouse Electric Company, 2009.

【6】Planning Basis for the Development of State and Local Government Radiological Emergency Response Plans in Support of Light Water Nuclear Power Plants (NUREG-0396) [R]. USA: NRC.

【7】NUREG-0654/FEMA-REP-1, Criteria for preparation and evaluation of radiological emergency response plans and preparedness in support of nuclear power plants: Guidance for protective action strategies [R]. USA: 2011.

【8】Development of an Emergency Planning and Preparedness Framework for Small Modular Reactors: SECY-11-0152 [R]. USA: 2011.

【9】Next Generation Nuclear Plant-Emergency Planning Zone Definition at 400Meters (NGNP-LIC-GEN-RPT-L-00020) [R]. USA: Westinghouse Electric Company, 2009.

【10】Safety glossary terminology used in nuclear safety and radiation protection [R]. Vienna: IAEA, 2003.

【11】Method of the development of Emergency response preparedness for nuclear or radiological accidents [R]. Vienna: IAEA, 1997.

【12】Method for developing arrangements for response to a nuclear or radiological emergency [R]. Vienna: IAEA, 2003.

【13】Innovative small and medium sized reactors: Design features, safety approaches and R&D trends [R]. Vienna: IAEA, 2005.

【14】Advances in Small Modular Reactor Technology Developments [R]. Vienna: IAEA, 2020.

【15】Advanced Nuclear Reactor Technology, A PRIMER [R]. USA: Nuclear Innovation Alliance, 2023.

【16】Frauke Urban, Tom Mitchell. Climate change disasters and electricity generation [DB/OL]. Strengthening Climate Resilience Discussion, 2011.

【17】Advances In Small Modular Reactor Technology Developments [R]. USA: IAEA 2020.

【18】核电厂厂址选择安全规定（HAF101）[S]. 1991.

【19】核电厂营运单位的应急准备和应急响应（HAF002/01）[S]. 1998.

【20】核动力厂设计安全规定（HAF102）[S]. 2016.

【21】核动力厂营运单位的应急准备和应急响应（HAD002/01）[S]. 2019.

【22】核电厂厂址选择的大气弥散问题（HAD101/02）[S]. 1987.

【23】核电厂应急计划与准备准则：应急计划区的划分（GB/T 17680. 1-2008）[S].

【24】电离辐射防护与辐射源安全基本标准（GB 18871-2002）[S].

【25】中国共产党第二十次全国代表大会报告 [R]. 2022.

【26】中华人民共和国国民经济和社会发展五年规划纲要，中华人民共和国中央人民政府 [R/OL]. http://www. gov. cn.

【27】政府工作报告，中华人民共和国中央人民政府 [R/OL]. http://www. gov. cn.

【28】总体国家安全观学习纲要 [R]. 中共中央宣传部、中央国家安全委员会办公室 . 2022.

【29】《中国的核应急》白皮书 [R]. 国务院新闻办公室，2016.

【30】小型核动力厂非居住区和规划限制区划分原则与要求（征求意见稿）[R]. 生态环境部，2019.

【31】中国核应急工作成就与未来展望 [R]. 国防科工局，2016.

【32】陆上小型压水堆核应急工作指导意见（试行）[R]. 国防科工局，2017.

【33】“十四五”现代能源体系规划 [R]. 国家发展改革委、国家能源局，2022.

【34】“十四五”国家核应急工作规划 [R]. 国家核事故应急协调委员会，2021.

【35】核安全文化政策声明 [R]. 国家核安全局、国家能源局、国家国防科技工业局，2014.

【36】小型核动力厂非居住区和规划限制区划分技术规范（T/2020）[S].

【37】核电厂应急计划区划分准则和测算方法（征求意见稿）[R]. 中国核能行业协会，2022.

【38】王炫，等 . 高温气冷堆核动力厂应急计划区划分准则和测算方法（征求意见稿）[R]. 中国核能行业协会.

【39】小型堆应急源项确定和烟羽应急计划区测算方法（征求意见稿）[S]. 中国核学会，2021.
【40】小型模块化反应堆（SMR）关键共性问题联合研究报告 [G]. 中国核能行业协会，2019.
【41】中国核能发展报告（2022）[R]. 中国核能行业协会，2023.
【42】我国核电运行年度综合报告（2022 年度）[R]. 中国核能行业协会，2023.
【43】走进核电站——美国篇（系列）[R]. 中国核能行业协会，2014.
【44】严重核事故对策指南 [R]. 日本核能监管委员会，2018.
【45】吴宜灿，等. 核安全导论 [M]. 北京：中国科学技术大学出版社，2017.
【46】全国注册核安全工程师执业资格考试辅导教材《核安全综合知识》[M]. 中国原子能出版社，2018.
【47】华能山东石岛湾核电厂高温气冷堆核电站示范工程最终安全分析报告，2021.
【48】华能山东石岛湾核电厂高温气冷堆核电站示范工程场内核事故应急预案，2021.
【49】秦山核电场内核事故应急预案，2019.
【50】世界内陆核电概览，人民网能源频道，2014.
【51】钟霞. 国际原子能机构应急计划区的发展研究 [J]. 同位素，2015.
【52】张家磊，等. 中国发展内陆核电的安全性研究 [J]. 湖北电力，2019.
【53】中国大陆内陆核电的用水安全，水文，张爱玲等，2015.
【54】常向东. 中国大陆内陆核电厂选址评价中应关注的问题 [M]. 核安全，2007.
【55】马智胜. 中国大陆核资源开发的循环经济研究 [D]. 武汉：武汉理工大学，2011.
【56】雷润琴. 中国大陆核电站建设的舆情分析与对策——对《核电中长期发展规划（2005—2020 年）》的舆论学思考 [J]. 环境保护，2008.
【57】黄欢，等. 影响中国大陆内陆核电发展的关键性问题分析 [J]. 南华大学学报（社会科学版），2019.
【58】小堆应急计划区划分准则和方法研究——以 CAP200 为例，上海核工程研究设计院，2018.
【59】邹旸，等. 我国核应急发展现状与前沿动态研究 [J]. 中国核电，2020.
【60】苏永杰. 小型堆应急计划区划分方法的探讨 [J]. 辐射防护，2017.
【61】曾志伟. 试析中国大陆核电发展中的公众参与现状及其提升对策 [J]. 南华大学学报，2013.
【62】陈诚，等. 三代核电气、液态流出物计算及在内陆厂址条件下环境影响优化 [J]. 辐射防护，2020.
【63】周夫荣. 彭泽核电疑云，中国经济和信息化 [J]. 2012.

【64】刘红坤，等．内陆三代压水堆氚排放方式及处理技术探讨［J］．给水排水，2022.
【65】张楠楠，等．内陆核电站放射性液态流出物排放评述［J］．人民长江，2012.
【66】内陆核电是世界“主流”我国有能力确保内陆核电的安全［R/OL］．央广网 https：//www. cnr. cn/，2023.
【67】郭有，等．内陆核电耗水指标浅析［J］．水利水电技术，2012.
【68】张杰．内陆核电公众接受度调查及其相应对策研究［D］．南昌：东华理工大学，2015.
【69】张丽娟．内陆核电发展阵痛［J］．中国报道，2014.
【70】王东利，等．内陆核电厂严重事故对水资源安全影响的评价方法研究［J］．水利水电技术，2017.
【71】中国核能行业协会．内陆核电厂需关注的问题及不同类型核电机组适宜性的分析［J］．中国核工业，2009.
【72】张爱玲，等．内陆核电厂对水体的辐射环境影响及环境风险控制［J］．辐射防护，2016.
【73】陈树山，等．内陆核电厂低放废水排放对受纳水体的影响分析［J］．水污染防治，2020.
【74】周彦辰，等．美国内陆核电取水量与水资源保障条件浅析［J］．长江流域资源与环境，2013.
【75】李红，等．美国内陆核电厂环境特征［J］．辐射防护通信，2010.
【76】陈永勤，等．基于 Copula 的鄱阳湖流域水文干旱频率分析［J］．自然灾害学报，2013.
【77】肖群鹰．后福岛时代中国核能的公众接受度与社会抗争研究［M］上海：上海远东出版社，2021.
【78】岳会国．核事故应急准备与响应手册［M］．北京：中国环境科学出版社，2013.
【79】付熙明，等．核事故场外应急计划区分类设置研究［J］．中国辐射卫生，2015.
【80】陈子斌．国外内陆核电厂情况整理与分析［J］．能源研究与管理，2013.
【81】钟霞，等．国际原子能机构应急计划区的发展研究［J］．同位素，2015.
【82】董芳芳，等．福岛十年核电厂应急计划区划分标准情况探讨［J］．标准研究，2021.
【83】董芳芳，等．小型模块化压水反应堆应急计划区划分探讨研究与探讨［J］．2014.
【84】陈文军．小型核反应堆应急计划区的研究［J］．核动力工程，2016.
【85】伍浩松，等．2022 年世界核电产业发展回顾［J］．中核战略规划研究总院，2023.

【86】马利军，等 . 1980—2015 年资水尾闾水文条件变化分析［J］. 长江科学院院报，2018.

【87】15 位政协委员联名提案：在内陆地区建设核电具备必要性和可行性［R/OL］. 澎湃新闻，2023.

【88】杨梦倩，等 . “华龙一号”核电机组废液处理系统针对内陆厂址的设计改进［J］. 产业与科技论坛，2022.

【89】曲静原，等 . 我国核应急决策支持系统研究开发和现状与展望［J］. 原子能科学技术，2021.

【90】吕华权，等 . 高温气冷堆技术发展及规模化推广路径研究［J］. 2022.